JN064009

クンマー先生の イデアル論

—数論の神秘を求めて—

高瀬 正仁 著

現代数学社

はじめに

19 世紀の数論を回想すると，めざましい印象を受ける出来事がいくつも目に映じますが，わけてもクンマーが造形した理想素因子の理論は一段と際立っています．数論の成否を左右するほどの基本中の基本の理論です．この理論に深く踏み込んでいかなければ数論の秘密はついに明らかにならないであろうと思われるほどで，そのためにはクンマーの手になる諸論文を丹念に読み解いていく作業が不可欠です．クンマーの次の世代の数学者デデキントはクンマーの理論の翻案を試みてイデアルの理論を提案し，これによって理想素因子の理論は著しく平明になりましたが，平明さの確保のために支払うことを余儀なくされた代償もまた少なからぬものがありました．

理想素因子の理論の造形に向う決意を新たにしたクンマーの眼前にあったのは，ひとつはフェルマの最後の定理（別の呼び名はフェルマの大定理）であり，もうひとつは高次冪剰余の理論における相互法則でした．クンマーが双方を同時に視野にとらえていたのはまちがいなく，理想素因子の理論により実際にどちらの方面にもそれまでは望み得なかったほどの著しい進展が現れました．フェルマそのひとに由来するフェルマの最後の定理では，大まかに言うと素因数分解の一意性の可能性の究明が課されますし，高次の冪剰余相互法則の探究の場では相互法則そのものの対象となるべき「素なるもの」の解明が不可欠です．いずれ劣らぬ大きな課題ですが，ガウスの平方剰余の理論と 4 次剰余の理論から流露する数論の系譜を重く見ると，クンマーのこころを魅了して強靭な思索をうながす契機になったのはどこまでも高次冪剰余の理論だったであろうという想定に誘われます．この視点に立って顧みると，1859 年に公表された雄篇

「素次数の冪の剰余と非剰余の間の一般相互法則について」

の数論史における意味合いはあまりにも巨大です．

本書はクンマーの 1851 年の論文

「1 の冪根と整数で作られる複素数の理論」

をテキストに選びました．クンマーは円周等分方程式の根により生成される複素数域に身を置いて，ガウスの円周等分論に手掛かりを求めて理想素因子の出現の場面を描写しようとしています．理想素因子に寄せる鮮明な実在感に言葉の衣裳を纏わせようとするところに，クンマーの並々ならぬ苦心がありました．ひとたび理想素因子の描写に成功したなら，そこに橋頭堡を定めてフェルマの大定理や高次冪剰余相互法則へと歩を進めていくことになりますが，非正則素数の概念の発見により有力な手掛かりがもたらされました．クンマーはガウスによる 2 次形式の類別にならって理想素因子を類別し，微積分の手法を駆使して 2 次形式の類数公式を導いたディリクレにならって理想素因子の類数公式の確立に成功しました．その公式によりもたらされる類数の一覧表を作成すると，そこにはいくつかの非正則素数が露呈していたのでした．理想素因子の発見が非正則素数の発見への道を開くというめざましい現象がここに現れています．

本書は類数公式の導出の手前でたちどまることになりましたが，この壁を乗り越えたなら，その先には一般相互法則の探究という数論の沃野が開かれています．理想素因子というものの真意を十全に諒解するためにはその土地の探索が不可欠ですが，大掛かりな準備を要することでもありますし，稿をあらためて論じる機会の訪れを俟ちたいと思います．

『現代数学』誌に 2019 年 4 月号から 2020 年 4 月号まで 13 回にわたって連載した論攷「クンマーに学ぶイデアル論」が基礎に

なって，本書を上梓することができました．本来は「イデアル論」ではなくクンマー自身に立ち返って「理想素因子の理論」と呼ばなければならないところですが，デデキントが提案したイデアル論が広く受け入れられている状況に鑑みて，本書の書名にも「イデアル論」の一語を流用しました．理想素因子からイデアルへと移行したデデキントの営為の意味については独自の考察が要請されます．それもまた今後の課題です．

2020 年 11 月

高瀬正仁

目　次

第1章
フェルマの定理と一般相互法則

クンマーの手紙より

18世紀のフランスの数学者にジョゼフ・リューヴィユ(1809–1882年)という人がいて,『純粋・応用数学ジャーナル(Journal de Mathématiques Pures et Appliquées)』という数学誌(以下,『リューヴィユの数学誌』と略称)を創刊したことで知られています.第1巻の刊行は1836年.年に1度の刊行が続き,1847年の第12巻,136頁にリューヴィユに宛てた一通の書簡の抜粋が掲載されました.差出人はクンマー.ブレスラウからパリへ.1847年4月28日という日付が記入されています.『リューヴィユの数学誌』,第12巻が刊行されたのは1847年の5月のことですから,パリのリューヴィユのもとに届いてただちに印刷に附された様子がうかがわれます.

手紙の末尾にリューヴィユによる註記も添えられていて,クンマーの手紙の本文と合わせて読むと,クンマーが理想素因子を発見した当時の状況がありありと伝わってきます.そこで,このあたりに手掛かりを求めて,クンマーの理想素因子の世界に分け入ってみたいと思います.

友人のルジューヌ・ディリクレにすすめられて,あなたに論文を送ることにしましたとクンマーはリューヴィユに伝えました．送付された論文は2篇．ひとつはクンマー自身の論文で，表題は書かれていませんが，リューヴィユの註記によると，「1の冪根と実整数で作られる複素数について」というラテン語の論文です．クンマーがこれを書いたのは3年前の1844年のことで，おりしもこの年はケーニヒスベルク大学の創立300年の節目でした．この時期のクンマーはブレスラウ大学の教授でしたし，ケーニヒスベルク大学とは関係がなさそうに思われますが，ケーニヒスベルク大学にはヤコビがいました．10年ほど前にさかぼって1836年に刊行された『純粋・応用数学ジャーナル(Journal für die reine und angewandte Mathematik)』(創刊者の名をとって，以下，『クレルレの数学誌』と略称)，第15巻を見ると，クンマーの論文

「超幾何級数

$$1+\frac{\alpha\cdot\beta}{1\cdot\gamma}x+\frac{\alpha(\alpha+1)\beta(\beta+1)}{1\cdot2\cdot\gamma(\gamma+1)}x^2 +\frac{\alpha(\alpha+1)(\alpha+2)\beta(\beta+1)(\beta+2)}{1\cdot2\cdot3\cdot\gamma(\gamma+1)(\gamma+2)}x^3+\cdots$$

について」

が掲載されています(同誌，39–83頁，127–172頁)．1836年のクンマーはリーグニッツのギムナジウムの教師でした．この論文をヤコビに送付したことがきっかけになって，ヤコビと，それにヤコビの親しい友であったディリクレとの交流が始まりました．生誕日を見ると，ディリクレは1805年2月13日，ヤコビは1804年12月10日，クンマーは1810年1月29日です．ヤコビとディリクレはほぼ同年で，ガウスは別格として，19世紀のドイツの数学の土台を構築したのはこの二人の数学者です．その二人の強力な支援を得て，クンマーは1842年にブレスラウ大学の正教授に就任しています．

クンマーがリューヴィユのもとに送付したもうひとつの論文はクロネッカーの論文です．

レオポルト・クロネッカー

クンマーの手紙にはクロネッカーの論文の表題は記されていませんが，それは

「複素単数について」

という論文で，やはりラテン語で書かれています．クンマーはクロネッカーを「私の友であり，弟子でもある」人物としてリューヴィユに紹介し，「若い傑出した幾何学者 (jeune géomètre distingué.「幾何学者」は数学者の意)」と言い添えました．クロネッカーは 1823 年 12 月 7 日にリーグニッツに生れた人で，リーグニッツのギムナジウムでクンマーに出会い，師匠と弟子の関係からやがて親しい友になりました．「友であり，弟子でもある」というクンマーの言葉のとおりです．このあたりの諸事情はアーベルとホルンボエの関係にとてもよく似ています．

クロネッカーは 1841 年にベルリン大学に入学し，クンマーは既述のように 1842 年ブレスラウ大学に移りました．そこでクロネッカーは，当時のドイツの大学生の慣習に従って 1843 年の冬学期からブレスラウ大学に滞在したのですが，この時期にクンマーの指導を受けて書いたのが「複素単数について」という論文でした．それからベルリンにもどり，1845 年にベルリン大学から学位を授与されました．ヤコビ，ディリクレ，クンマーの作るドイツの数学の泉に，こうして新たにクロネッカーが加わることになりました．

フェルマの定理に関心を寄せる

クンマーの言葉を続けます．クンマーの論文では「1 の冪根と実整数で作られる複素数」が考察されています．「1 の冪根」というのは方程式 $r^n=1$ の根のことですが，クンマーは $r=1$ のよう

な実根は除外して虚根を取り上げて，r と実整数 $\alpha_0,\alpha_1,\alpha_2,\cdots,\alpha_{n-1}$ を用いて

$$\alpha_0+\alpha_1 r+\alpha_2 r^2+\cdots+\alpha_{n-1}r^{n-1}$$

という形の数を作りました．これが「1の冪根と実整数で作られる複素数」です．このような複素数に関連して，クンマーはフェルマの最後の定理にも触れています．ただし，1847年のリューヴィユ宛ての手紙ではクンマーは単に「フェルマの定理」と呼んでいるだけで，「大定理」や「最後の定理」などという呼び名を使用しているわけではありません．そこでここではひとまずクンマーにならって「フェルマの定理」と呼ぶことにします．

フランスでは19世紀に入ってフェルマの定理の研究に進展が見られました．ソフィー・ジェルマンやルジャンドルの名が念頭に浮びますが，パリに滞在していたディリクレの最初の数学上の寄与はフェルマの定理に関するもので，1825年の時点で不定方程式

$$x^5+y^5=z^5$$

には自明な解のほかには解が存在しないことが確定しました．その状況を克明に描写した論文がディリクレの全集の巻頭に配置されています．

パリを離れてドイツにもどったディリクレはヤコビと出会って親しくなり，クンマーとも知り合って交流を深めていたのですから，クンマーがフェルマの定理に関心を寄せていくのはごく自然な成り行きだったように思います．実際，1837年に刊行された『クレルレの数学誌』の第17巻には，クンマーの論文

「方程式 $x^{2\lambda}+y^{2\lambda}=z^{2\lambda}$ の整数による解法について」

が掲載されています（同誌，203–209頁）．

理想複素数を語る

リューヴィユへの手紙で，クンマーはガブリエル・ラメに言及しました．ラメは不定方程式 $x^n+y^n=z^n$ において $n=7$ の場合を研究した人で，証明を試みて成功したと思い，科学アカデミーで発表したところ，反対する人も現れました．クンマーはその様子を承知していたようで，最近，というのは 1847 年の 3 月のことですが，パリの科学アカデミーで議論のまとになっていることがあるとして，ラメによる証明の試みを話題にしたのでした．

ラメの証明は 2 項式 x^n+y^n の因数分解に基づいていて，クンマーのいう「1 の冪根と実整数で作られる複素数」が登場します．そこでクンマーは，

> 合成複素数はいくつかの素因子に分解される仕方はただひととおりでしかありえない．

という基礎的な命題を挙げて，この命題が一般的に成立することはないとはっきりと指摘しました．そのうえ，「新しい種類の複素数 (un nouveau genre de nombres complexes)」を導入することによりこの状況を救うことができると言葉を継いで，その新たに導入されるべき複素数を**理想複素数**（**nombre complexe idéal**）と呼びました．

複素数の世界に理想複素数を投入すれば素因子分解の一意性が回復し，ラメが提示したフェルマの定理の証明の不備も補修できるであろうという見通しが，こうしてリューヴィユに伝えられました．

クンマーによると，この研究の成果はベルリンのアカデミーに報告され，1846 年 3 月の『コントランデュ (Comptes rendus)』

に掲載されたということです．ところが，クンマーのいうベルリンの科学アカデミーの『コントランデュ』はどのような学術誌を指しているのか，どうもよくわかりません．他方，クンマーは同時に，同じテーマの論文がまもなく『クレルレの数学誌』に掲載される予定であることを伝えています．これは確認できました．実際，1847年刊行の『クレルレの数学誌』の第35巻に，

「複素数の理論」

というドイツ語の論文が掲載されています．319頁から326頁まで8頁の論文です．第1頁の表題の直下に，小さい字で「1845年3月のベルリン王立科学アカデミーの報告集からの抜粋」と記されていて，『報告集(Bericht)』というのはクンマーのいう『コントランデュ』と同じものであろうと思われるものの，これ以上のことは不明です．

註記

クンマーのいうベルリンの科学アカデミーの『コントランデュ』というのは，ベルリンの王立プロイセン科学アカデミーの議事録

> "Bericht über die zur Bekanntmachung geeigneten Verhandlungen der Königlichen Preussische Akademie der Wissenschaften zu Berlin."

のことです．これを『報告集(Bericht)』と呼んでも同じことで，月々の議事録を集成して各年ごとに報告集が編纂されています．1847年の『クレルレの数学誌』，第35巻に掲載されたクンマーの論文「複素数の理論」に附された記事では，このクンマーの論文の初出は「1845年3月の報告」と明記されていますが，「1845年」は「1846年」の誤記で，実際には1846年の『報告集』のうち，3月の議事録の箇所に87頁から96頁まで，10頁にわたって掲載されています．ただし，その論文にはタイトルがありませ

ん．書き添えられている短い説明が伝えるところによると，クンマーはディリクレに論文を送付して科学アカデミーでの報告を依頼し，ディリクレはこれを受けて科学アカデミーの担当者の手に論文をわたしたという経緯があった模様です．

クンマーの手紙にもどると，理想複素数の理論をフェルマの定理の証明に応用することに，長い間心を傾けてきたとクンマーは言っています．しかも，方程式 $x^n-y^n=z^n$（クンマーの表記のまま）が（自明な解のほかには）解をもたないということを，素数 n の二つの性質に帰着させることに成功したとも語られました．その結果，フェルマの定理の証明はどうなるのかというと，あらゆる素数 n について，はたしてそれらの二つの性質が満たされるか否かを調べることだけが残された課題であることになります．クンマーの手紙はおおよそこのような状況を伝えています．

クンマーの３篇の論文を見て

クンマーがリューヴィユのもとに送付した論文は『リューヴィユの数学誌』に掲載されました．手紙と同じ第 12 巻（1847 年）で，185 頁から 212 頁まで，28 頁を占めています．表題のみフランス語に訳されていて，本文はラテン語のままです．これについて，リューヴィユが註記を寄せて，フランス語に翻訳する時間がなかったという事情が伝えられています．同じリューヴィユの註記によると，この論文ははじめ 1844 年にブレスラウで印刷され，それからブレスラウ大学からケーニヒスベルク大学に送付されたということです．

このあたりの事情がよくわからないのですが，ケーニヒスベルク大学の創立は 1544 年にさかのぼり，1844 年は創立 300 年にあたりますので，8 月 31 日に祝賀記念祭が開催された模様です．

そこでブレスラウ大学では祝意を表す意味を込めてクンマーの論文を送ったということのようで，ドイツの各地の大学から学術論文の寄稿を受けて記念論文集のようなものが編纂されたということはありえますし，クンマーの論文もそのひとつに選ばれたということなのかもしれません（註．クンマーがリューヴィユのもとに送付した論文の実物を参照することができました．『リューヴィユの数学誌』に掲載された論文と同じく28頁の論文です．）．

他方，同じ1847年の『クレルレの数学誌』，第35巻に，

> 「1の冪根で作られる複素数の素因子分解について」(同誌，327－367頁)

というドイツ語の論文が掲載されました．論文の末尾に「1846年9月」という日付が記入されています．

これらの2篇の論文に加えて，1851年の『リューヴィユの数学誌』，第16巻に，

> 「1の冪根と整数で作られる複素数の理論」

という論文が掲載されました．377頁から498頁まで，122頁を占める長篇で，フランス語で書かれています．理想素因子をテーマとするクンマーの論文はこれで3篇になりました．もっとも詳細な叙述が見られるのは1851年の論文ですが，他の2篇にも独自の所見が散りばめられています．

高次冪剰余相互法則への道

クンマーの理想複素数の理論のねらいがフェルマの定理の証明にあったことは，クンマー自身がリューヴィユへの書簡においてはっきり述べていることですし，これに疑いをはさむ余地

はありません．理想複素数の理論以前にも 1837 年の論文「方程式 $x^{2\lambda}+y^{2\lambda}=z^{2\lambda}$ の整数による解法について」がありましたが，理想複素数の理論ののちにも，

> 「λ ははじめの $\frac{1}{2}(\lambda-3)$ 個のベルヌーイ数の分子と約数になることのない奇素数とするとき，そのようなあらゆる冪指数 λ に対し，方程式 $x^{\lambda}+y^{\lambda}=z^{\lambda}$ を整数を用いて解くことはできないというフェルマの定理の一般的証明」(『クレルレの数学誌』，第 40 巻，1850 年，130－138 頁．末尾の日付は 1849 年 6 月 19 日．ドイツ語)

という論文が出ています．他方，クンマーにはもうひとつのねらいもありました．それは高次冪剰余相互法則の理論で，一般相互法則の建設がめざされました．この方面のクンマーの論文を拾うと，

> 「3 次剰余の理論に関連する一問題」(『クレルレの数学誌』，第 23 巻，1842 年，285－286 頁)
>
> 「3 次剰余に関する若干の解析的研究」(『クレルレの数学誌』，第 32 巻，1846 年，341－359 頁)
>
> 「一般相互法則の補充法則について」(『クレルレの数学誌』，第 44 巻，1852 年，93－146 頁．末尾の日付は 1851 年 11 月 30 日)
>
> 「一般相互法則の補充法則について」(『クレルレの数学誌』，第 56 巻，1859 年，270－279 頁．末尾の日付は 1858 年 12 月)
>
> 「素次数の冪の剰余と非剰余の間の一般相互法則について」(『ベルリン王立科学アカデミー論文集 (Abhandlungen der Königlichen Akademie der wissenschaften zu

Berlin)』, 1859年, 数学論文集部門, 19－159頁)

と一系の論文が並びます．最後の1859年の論文「素次数の冪の剰余と非剰余の間の一般相互法則について」は実に141頁という大長篇で，ある一定の状況のもとで一般相互法則が打ち立てられていますが，その土台は理想複素数の理論です．こうしてクンマーの思索が生い立っていく様子を観察すると，クンマーにとって理想複素数の理論建設の契機となったのはフェルマの定理ばかりではないことが諒解されます．

クンマーにフェルマの定理を伝えたのはパリからもどってきたディリクレと見てよいと思いますが，一般相互法則の泉は何かというと，ガウスの数論でした．ガウスは平方剰余相互法則を発見し，証明にも成功しましたが，そればかりではなく当初から高次冪剰余相互法則の存在を確信したようで，息の長い思索を続けました．ガウスの全集には3次剰余と4次剰余の理論に関する大量の研究記録が収録されています．4次剰余の理論については一段と奥深い地点に到達し，「4次剰余の理論」という表題の2篇の論文を書くまでになり，第1論文は1828年，第2論文は1832年にゲッチンゲンの学術誌『ゲッチンゲン王立学術協会新報告集 (Commentationes Societatis Regiae Scientiarum Gottingensis recentiores)』に掲載されました (第1論文は同誌，第6巻，数学部門，27－56頁．第2論文は同誌，第7巻，数学部門，89－148頁)．2篇でひとつの大きな論文です．

数論に複素数を導入する決意

論文の公表に先立って，ガウスはゲッチンゲンの学術協会で概要を報告しています．第1論文は1825年4月5日に報告され，その内容は4月11日付の広報に掲載されました．第2論文が報告されたのは1831年4月15日．その内容を伝える広報の日付は4月23日です．このガウスの研究はたちまちディリクレとヤコビのこころをつかみました．ディリクレの1828年の論文

「ある種の4次式の素因子の研究」(『クレルレの数学誌』，第3巻，1828年，35－69頁)

にはすでに，1825年4月11日付の広報に掲載されたガウスの第1論文への言及が見られます．ディリクレの次の2論文

「複素数の理論の研究」(『クレルレの数学誌』，第22巻，1841年，375－378頁)

「複素係数と複素不定数をもつ2次形式の研究」(『クレルレの数学誌』，第24巻，1842年，291－371頁)

はガウスの第2論文を受けて，ガウスが命題のみを伝えた4次相互法則の証明に迫ろうとする独自の試みの報告です．

しきりに複素数という言葉が出てくるのはなぜかというと，その理由はガウスの4次剰余の理論にあります．もともと数論の対象は有理整数で，平方剰余相互法則も有理整数の世界で発見されました．ところがガウスは高次冪剰余の理論のためには有理整数域は狭すぎるという考えに傾いて，数論の舞台となる数域を複素数の世界に拡大することを決意するにいたりました．具体的に言うと，4次剰余の理論では，a,b は有理整数として $a+bi\,(i=\sqrt{-1})$ という形の数，すなわち，今日の語法でいうガウス整数の作る数域を構築し，その世界において4次の相互法則の発見に到達しました．ディリクレは，数論に複素数を導入するというガウスの思想に影響を受け，積極的に受け入れようとしています．

ヤコビはヤコビで，

「5次，8次および12次の冪剰余の理論において考察されるべき複素数について」(『クレルレの数学誌』，第19巻，

1839年，314 – 318頁）

という論文を書き，3次と4次をこえて5次，8次，12次の相互法則を考察しています．

ガウスの4次剰余の理論は新たな数論の場を開き，ディリクレとヤコビの大きな関心を誘いました．この二人の動向がクンマーに深い影響を及ぼしたであろうことは想像に難くありませんし，クンマーの一連の論文はこの想定を裏付けています．1859年の論文「素次数の冪の剰余と非剰余の間の一般相互法則について」によって，高次冪剰余の理論という壮麗な建造物が出現したのは瞠目に値する出来事でした．西欧近代の数論にはフェルマとガウスという二つの泉が存在し，フェルマに由来するフェルマの定理とガウスの遺産を継承する高次冪剰余相互法則の探究が19世紀の数論の課題になりました．理想複素数の理論という，両者を支える共通の土台を構築したところに，数論の場におけるクンマーの大きな寄与が認められます．

クンマーを読む

理想複素数の理論形成にあたってもっとも基本的な契機となったのは，数論の場への虚数の導入という一事です．クンマーにとって，その萌しはフェルマの定理と高次冪剰余の理論のどちらに芽生えていたのでしょうか．あるいはまた両者を並列して挙げるべきなのでしょうか．この論点につねに留意しつつ，クンマーの1851年の論文「1の冪根と整数で作られる複素数の理論」に手掛かりを求めて理想複素数の世界に分け入ってみたいと思います．

目次は次のとおりです．

序文（註．「序文」という言葉が記されているわけではありません．）
§ I　諸定義と予備的諸命題
§ II　複素単数の理論
§ III　方程式 $1+\alpha+\alpha^2+\cdots+\alpha^{\lambda-1}=0$ の諸根の周期と，それらの周期と類似の合同式の諸根との対応
§ IV　任意の複素数のノルムの素因子
§ V　複素数の**理想因子**（**facteurs idéaux**）の定義と一般的な諸性質
§ VI　理想複素数の合成
§ VII　円の分割の理論への応用
§ VIII　理想複素数の異なる類の個数の探索
§ IX　理想複素数と複素単数の類の個数に関する二通りの特別の探索
§ X　フェルマの最後の定理の証明への応用（註．ここでは「フェルマの最後の定理」という言葉が使われています．）

長い序文が附されていますので，一読したいと思います．

この学問（la science．数論を指す）の現状では，一般に複素数といえば，1 個もしくはいくつかの整係数代数方程式の非有理根の整係数をもつ整関数（une fonction entière．多項式と同じ）のことと諒解されている．ある複素数において，そこに含まれる方程式の諸根を入れ替えることにより得られるすべての複素数の積は，それらの諸根の対称式であるから，あらゆる非有理性からつねに解き放たれている．それゆえ，この積は整数である．それを，その複素数の**ノルム**と呼ぶ．したがって，どの複素数もある整数の非有理因子である．同様に，複素数の係数を未知数と見ると，この複素数のノルムはある次数の同次式を表している．それは，

> いくつかの1次因子に分解可能な同次式の仲間である．結局のところ，複素数の理論はこのような形式の理論に帰着するのであり，この点に関して言えば，高等的アリトメチカ(l'Arithmétique supérieure)のきわめて美しい諸分野のひとつに属している．このような視点のもとで，ルジューヌ・ディリクレは，複素数のノルムに依存する任意次数の形式に関する非常に一般的な研究を遂行した．ディリクレはこのような形式の一般的な諸性質を発見し，この理論の基礎工事を行った．だが，残念なことに，ディリクレは今日までに，主要な諸結果のうちのいくつかを公表しただけであり，それらの結果に到達するのに用いた新しい諸原理に関する一般的な諸概念を提示するだけにとどまっている．(『リューヴィユの数学誌』，第16巻，377頁)

複素数というものの一般的な諒解様式が提示され，そのノルムの概念が紹介されて，この概念の提案者としてディリクレの名が語られました．ノルムは実係数同次式であり，その同次式の因子として複素数を認識するというところにディリクレの数学的意図がありました．

> 他方，複素数の理論は，数の非有理因子への分解の理論と見ることも可能である．そうしてこの視点のもとで，複素数の理論はそれ自身においても，アリトメチカと高等代数学の双方に関するいくつもの問題の場でなされる数々の重要な応用においても，大きな利益を手にするのである．(同上，377–378頁)

任意次数の同次式の理論を通じて複素数の理論を作ろうとしたディリクレに対し，数の因子分解を追い求めようとしたのがクンマーで，理想複素数はこの追求の到達点において発見されました．

> 私はこの論文において，非有理性が1の虚根，言い換えると，2項方程式
>
> $$\alpha^{\lambda}=1$$
>
> の根であるような複素数だけを取り扱う．特別の種類の複素数ではあるが，一般理論にとってのその重要性は，一般的な代数方程式にとって，2項方程式の解法に割り当てられる重要性に比肩する．このような複素数の理論は長い間，私の研究のテーマであった．私は私の研究を，Comptes rendus de l'Académie de Berlin や『クレルレの数学誌』に掲載し，公表した．ここでこのテーマを再び取り上げるのにあたり，それらのいろいろな論文の主立った内容を完成の域に高め，それらを収集し，数の理論（la théorie des nombres）のこの領域の今後の研究のための確実な土台として役立ちうる包括的な概論をつくりたいと思った．複素数の二つの応用も加えた．ひとつは円の分割の理論に関するものであり，もうひとつはフェルマの最後の定理に関するものである．（同上，378 頁）

『クレルレの数学誌』に掲載された論文については既述のとおりですが，Comptes rendus de l'Académie de Berlin（ベルリンアカデミーのコントランデュ）については不明です．（註．6 頁の註記参照）

第2章 クンマーの複素数

円周を分割する方程式（円周等分方程式）

フェルマに由来する「フェルマの最後の定理」とガウスに由来する高次冪剰余相互法則を念頭に置きながら，クンマーの論文「1の冪根と整数で作られる複素数の理論」（1851年）を読み進めていきたいと思います．第1章の章題は「諸定義と予備的諸命題」です．

λは正の有理整数で，奇素数，すなわち2以外の素数として，クンマーは方程式

$$\alpha^{\lambda}=1$$

を書きました．この方程式はλ個の根をもちますが，それらのうち実根は$\alpha=1$のみで，他の$\lambda-1$個の根は虚根です．そこで$\alpha-1$で割って，多項式

$$\frac{\alpha^{\lambda}-1}{\alpha-1}=1+\alpha+\alpha^2+\cdots+\alpha^{\lambda-1}$$

を作り，これを0と等置すると，「λ次の冪を作ると1になる」という性質を備えた$\lambda-1$個の虚数を根とする次数$\lambda-1$の方程式

$$1+\alpha+\alpha^2+\cdots+\alpha^{\lambda-1}=0$$

が手に入ります．これがガウスのいう「円の分割を定める方程式」(ガウス『アリトメチカ研究』，第7章の章題）で，今日の語法では「円周等分方程式」という呼び名が定着していますので，本稿でもこの呼称を用いることにします．次数を明記して「円周のλ等分方程式」と呼べば，いっそう正確な感じになります．

円周のλ等分方程式の根のひとつは

$$\alpha = \cos\frac{2\pi}{\lambda} + i\sin\frac{2\pi}{\lambda}$$

という形に表示されます．ここで，$i=\sqrt{-1}$ は，自乗すると-1になる二つの虚数のうちのどちらか一方で，虚数単位と呼ばれることもあります．複素変数の指数関数を導入して，オイラーの公式という名で知られる等式

$$e^{i\theta} = \cos\theta + i\sin\theta$$

を書けば，

$$\alpha = e^{\frac{2\pi i}{\lambda}}$$

と簡明な表示が得られますが，ガウスもクンマーもこの表示を採用していないのはいくぶん不思議です．

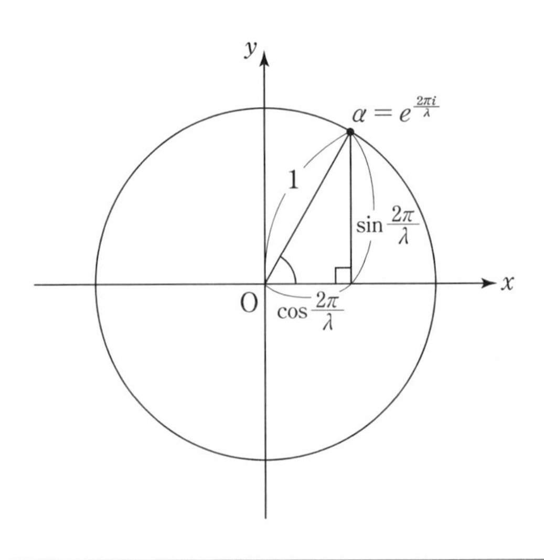

それはともかくとして，根のすべては α の冪として

$$\alpha, \alpha^2, \cdots, \alpha^{\lambda-1}$$

という形に表されます．これらの数値を複素平面上に配置すると，原点のまわりの単位円，すなわち原点を中心とする半径1の円周上に均等に分布し，それらの点に実根1に対応する点を付け加えると，単位円の λ 等分が実現します．ガウスが「円の分割を定める方程式」と呼んだ理由がそこにあります．

$\lambda=19$ の場合には

円周の λ 等分方程式の $\lambda-1$ 個の根 $\alpha, \alpha^2, \cdots,\ \alpha^{\lambda-1}$ のひとつを任意に選び，それを

$$\beta=\alpha^k \quad (1 \leqq k \leqq \lambda-1)$$

としてみます．β の冪

$$\beta, \beta^2, \cdots, \beta^{\lambda-1}$$

を作ると，どのような k に対しても，これらの $\lambda-1$ 個の数値はつねに円周の λ 等分方程式の根の全体を表しています．一例を挙げると，$\lambda=19,\ k=3$ の場合を考えて，

$$\alpha=e^{\frac{2\pi i}{19}},\ \beta=\alpha^3$$

として β の冪を作ってみます．ガウスにならって $\beta=[3]$ と表記すると，

$$\beta=[3],\ \beta^2=[6],\ \beta^3=[9],\ \beta^4=[12],$$
$$\beta^5=[15],\ \beta^6=[18]$$

と計算が進みます．ここから先はどのようになるかというと，$[19]=1$ により，

$$\beta^7=[21]=[2],\ \beta^8=[5],\ \beta^9=[8],\ \beta^{10}=[11],$$
$$\beta^{11}=[14],\ \beta^{12}=[17],\ \beta^{13}=20=[1],\ \beta^{14}=[4],$$
$$\beta^{15}=[7],\ \beta^{16}=[10],\ \beta^{17}=[13],\ \beta^{18}=[16]$$

と進行し，β から β^{18} にいたる18個の冪は，配列が変るだけで，全体として α の18個の冪 $\alpha^k\,(1\leqq k\leqq 18)$ とぴったり一致します．

クンマーの複素数とは

$k=3$ として α の3次の冪について考えてみましたが，α の他の冪についても同じ状況が現れます．そこで円周の λ 等分方程式の根を任意にひとつ選定し，それをあらためて α と表記することにします．そうしてクンマーは α の整係数有理整関数に着目し，これを単に**複素数**と呼びました．有理整関数というのは多項式のことで，クンマーの複素数ではその係数は有理整数に限定されています．

クンマーの複素数には α のさまざまな次数の冪が現れますが，等式 $\alpha^\lambda=1$ により，次数が λ 以上の冪は $\lambda-1$ 次以下の冪に帰着されます．これに加えて，もうひとつの等式

$$1+\alpha+\alpha^2+\cdots+\alpha^{\lambda-1}=0$$

により，α の次数 $\lambda-1$ の冪はそれよりも低い次数の冪の作る多項式 $-1-\alpha-\alpha^2-\cdots-\alpha^{\lambda-2}$ に置き換えられます．このような2重の変形手順を踏むことにより，クンマーの複素数はつねに

$$f(\alpha)=a+a_1\alpha+a_2\alpha^2+\cdots+a_{\lambda-2}\alpha^{\lambda-2}$$

という形に帰着されます．ここで，$a, a_1, a_2, \cdots, a_{\lambda-2}$ は有理整数です．

この変形の手順は具体的で簡明ですが，最終的に到達する形がただひとつ通りに定まることも重要な論点です．ある複素数

$f(\alpha)$が2通りの仕方で

$$f(\alpha)=a+a_1\alpha+a_2\alpha^2+\cdots+a_{\lambda-2}\alpha^{\lambda-2}$$

および

$$f(\alpha)=b+b_1\alpha+b_2\alpha^2+\cdots+b_{\lambda-2}\alpha^{\lambda-2}$$

と表されたとすると，等式

$$a-b+(a_1-b_1)\alpha+(a_2-b_2)\alpha^2+\cdots+(a_{\lambda-2}-b_{\lambda-2})\alpha^{\lambda-2}=0$$

が成立します．αは$\lambda-1$よりも低い次数の，有理整数を係数にもつ方程式を満たすことになりますが，この方程式は成立しません．その理由は奇素数のλに対応する円周等分方程式の有理数域における既約性にあり，ガウスはこれを『アリトメチカ研究』の第7章で証明しています．クンマーのいう複素数の一般形がこれで確定しました．この一般形のことを「複素数の標準形」と呼ぶことにします．

円周等分方程式から出発した理由とは

クンマーは円周等分方程式の虚根を用いて組立てられる複素数から出発しましたが，なぜそうしたのでしょうか．フェルマの最後の定理との関連でいうと，nは3もしくは3よりも大きい自然数として，方程式

$$x^\lambda+y^\lambda=z^\lambda$$

を書き，左辺の因数分解を試みると円周等分方程式の根に遭遇します．実際，αは方程式$\alpha^\lambda=1$を満たす虚数とすると，

$$x^\lambda+y^\lambda=(x+y)(x+\alpha y)(x+\alpha^2 y)\cdots(x+\alpha^{\lambda-1}y)$$

と因数分解が進行し，これをz^λと等置して両者の約数の比較を試みるという方向に進もうとすれば，フェルマの最後の定理と円周等分方程式との関係がほのかに目に映じるような感慨があります．

他方，ガウスは「4次剰余の理論 第2論文」に附した小さな脚註において，円周等分方程式と高次冪剰余の理論との間に架かる橋の存在を示唆する言葉を書き留めました．

事のついでに，ここではせめて，このように定められた領域は4次剰余の理論のために特に適切であることに留意するとよい．同様にして，3次剰余の理論は $a+bh$ という形の数の考察を基礎にして，その土台の上に建てなければならない．ここで，h は方程式 $h^3-1=0$ の虚根，たとえば $h=-\frac{1}{2}+\sqrt{\frac{3}{4}}\cdot i$ である．同様に，いっそう高次の冪剰余の理論では他の虚量の導入が要請される．『ゲッチンゲン王立学術会新報告集』，第7巻，97頁）

ガウスが $a+bi$ （a,b は有理整数）という形の複素数を数論に導入したのは4次剰余の理論を構築するためでしたが，4次ばかりではなく，一般に高次冪剰余の理論のためにはそのつど適切な複素数を導入しなければならないというのが，数論の場でのガウスの基本思想でした．どのような複素数かといえば，4次剰余の理論のためには i で，これは1の虚の4乗根です．3次剰余のためには1の虚の3乗根が明示されています．そのうえで，次数を高めていっても同様の状況が現れるというのですから，一般に次数 λ の冪剰余の理論のためには1の虚の λ 乗根の導入が想定されていると考えられます．ただこれだけのわずかな言葉にもかかわらず，クンマーの心を円周等分方程式へと誘う力が備わっていたという想像は十分に可能です．

複素数のノルム

クンマーのいう複素数の一般形が確定しましたので，あらためて複素数

$$f(\alpha)=a+a_1\alpha+a_2\alpha^2+\cdots+a_{\lambda-2}\alpha^{\lambda-2}$$

を考えることにします．係数を有理整数に限定したところにはクンマーの深い配慮が感知され，後年の代数的整数論の萌芽を見るような思いがします．

方程式 $1+\alpha+\alpha^2+\cdots+\alpha^{\lambda-1}=0$ の根のすべてを

$$\alpha, \alpha^2, \alpha^3, \cdots, \alpha^{\lambda-1}$$

という形に表示して，$f(\alpha)$ において，α のところにこれらの根を次々と代入していくと，$\lambda-1$ 個の複素数

$$f(\alpha),\ f(\alpha^2),\ f(\alpha^3),\ \cdots,\ f(\alpha^{\lambda-1})$$

が作られます．クンマーはこれらを**共役な複素数**（**nombres complexes conjugués**）と呼びました．

$1\leqq n\leqq\lambda-1$ となる任意の n に対し，α^n とともに，$\alpha^{-n}=\alpha^{\lambda-n}$ もまた根のひとつですから，$f(\alpha^n)$ と $f(\alpha^{-n})$ は共役な複素数の仲間です．そこで，クンマーはこれらを**相反複素数**（**nombres complexes réciproques**）と呼びました．

全部で $\lambda-1$ 個の共役数

$$f(\alpha),\ f(\alpha^2),\ f(\alpha^3),\ \cdots,\ f(\alpha^{\lambda-1})$$

の積は方程式 $1+\alpha+\alpha^2+\cdots+\alpha^{\lambda-1}=0$ のすべての根の対称式です．根と係数の関係により，この方程式のすべての根の作る基本対称式は 1 または -1 ですが，**対称式の基本定理**により，$\lambda-1$ 個の共役数の積は，この方程式の根の作る基本対称式の整係数多項式として表示されますから，有理整数になります．その数値を，ディリクレにならって複素数 $f(\alpha)$ の**ノルム**と呼び，文字 N で表すことにします．したがって，

$$\mathrm{N}f(\alpha)=f(\alpha)\cdot f(\alpha^2)\cdot f(\alpha^3)\cdot\cdots\cdot f(\alpha^{\lambda-1})$$

という形の等式が成立することになります．

一例として，$\lambda=5$, $\alpha=e^{\frac{2\pi i}{5}}$ として，複素数

$$f(\alpha)=\alpha+\alpha^3$$

のノルムを計算してみます．$\alpha^5=1$ を念頭に置いて計算を進めると，

$$\begin{aligned}
\mathrm{N}f(\alpha)&=f(\alpha)f(\alpha^2)f(\alpha^3)f(\alpha^4)\\
&=(\alpha+\alpha^3)(\alpha^2+\alpha^6)(\alpha^3+\alpha^9)(\alpha^4+\alpha^{12})\\
&=(\alpha+\alpha^3)(\alpha^2+\alpha)(\alpha^3+\alpha^4)(\alpha^4+\alpha^2)\\
&=(\alpha^3+\alpha^2+\alpha^5+\alpha^4)(\alpha^7+\alpha^5+\alpha^8+\alpha^6)\\
&=(\alpha^3+\alpha^2+1+\alpha^4)(\alpha^2+1+\alpha^3+\alpha)\\
&=(\alpha^5+\alpha^3+\alpha^6+\alpha^4)+(\alpha^4+\alpha^2+\alpha^5+\alpha^3)\\
&\qquad+(\alpha^2+1+\alpha^3+\alpha)+(\alpha^6+\alpha^4+\alpha^7+\alpha^5)\\
&=(1+\alpha^3+\alpha+\alpha^4)+(\alpha^4+\alpha^2+1+\alpha^3)\\
&\qquad+(\alpha^2+1+\alpha^3+\alpha)+(\alpha+\alpha^4+\alpha^2+1)\\
&=4+3\times(\alpha+\alpha^2+\alpha^3+\alpha^4)=4-3=1
\end{aligned}$$

となり，ノルム $\mathrm{N}f(\alpha)$ の数値 1 が得られます．この計算の最後のところで，等式 $1+\alpha+\alpha^2+\alpha^3+\alpha^4=0$ を用いました．

ノルムの諸性質

複素数のノルムの性質として，クンマーは等式

$$\mathrm{N}f(\alpha^k)=\mathrm{N}f(\alpha)$$

を挙げました．ここで，k は 1 から $\lambda-1$ までの任意の自然数です．これを言い換えると，**共役な複素数はどれも同一のノルムをもつ**ということにほかなりません．実際に $f(\alpha^k)$ のノルムを書き下すと，

$$\mathrm{N}f(\alpha^k)=f(\alpha^k)f(\alpha^{2k})f(\alpha^{3k})\cdots f(\alpha^{(\lambda-1)k})$$

となり，ここに α の冪指数 $k, 2k, 3k, \cdots, (\lambda-1)k$ が並びます．と

ころが奇数λは素数ですから，これらの数のλに関する正の最小剰余，すなわち法λに関してこれらの数と合同になる数のうち，λより小さいものを作ると，順序は入れ替わるものの全体として$\lambda-1$個の数$1, 2, \cdots, \lambda-1$が現れます．これで等式$\mathrm{N}f(\alpha^k)=\mathrm{N}f(\alpha)$が確認されました．

次に，クンマーが挙げたのは，**2個もしくはもっと多くの複素数の積のノルムは，その積の諸因子のノルムの積に等しい**という事実です．試みに二つの複素数$f(\alpha), \varphi(\alpha)$の積のノルムについて考えると，等式

$$\mathrm{N}[f(\alpha)\cdot\varphi(\alpha)]=\mathrm{N}f(\alpha)\cdot\mathrm{N}\varphi(\alpha)$$

が成立します．これはノルムの定義を書き下せば即座に判明します．

複素数の加法，減法，乗法

複素数の足し算と引き算については困難はありません．実際，二つの複素数

$$f(\alpha)=a+a_1\alpha+a_2\alpha^2+\cdots+a_{\lambda-2}\alpha^{\lambda-2}$$

と

$$\varphi(\alpha)=b+b_1\alpha+b_2\alpha^2+\cdots+b_{\lambda-2}\alpha^{\lambda-2}$$

の和と差は，

$$\begin{aligned}f(\alpha)\pm\varphi(\alpha)=a\pm b&+(a_1\pm b_1)\alpha\\&+(a_2\pm b_2)\alpha^2+\cdots+(a_{\lambda-2}\pm b_{\lambda-2})\alpha^{\lambda-2}\end{aligned}$$

となります．$f(\alpha)$と$\varphi(\alpha)$の積$\psi(\alpha)$はいくぶん煩雑になりますが，ともあれ

$$\psi(\alpha)=c+c_1\alpha+c_2\alpha^2+\cdots+c_{\lambda-1}\alpha^{\lambda-1}$$

という形になることはまちがいありません．これはまだ標準形ではないことに留意しておきます．$f(\alpha)$と$\varphi(\alpha)$の掛け算を遂

行して α の同次数の冪の係数を比較すると，$c, c_1, c_2, \cdots, c_{\lambda-1}$ の表示が得られます．

試みに $\lambda=5$ の場合を考えてみます．

$$f(\alpha)=a+a_1\alpha+a_2\alpha^2+a_3\alpha^3,$$
$$\varphi(\alpha)=b+b_1\alpha+b_2\alpha^2+b_3\alpha^3$$

と置いて，積 $\psi(\alpha)=f(\alpha)\varphi(\alpha)$ を

$$\psi(\alpha)=c+c_1\alpha+c_2\alpha^2+c_3\alpha^3+c_4\alpha^4$$

という形に表示することが課されています．$\alpha^5=1$ に留意して積の定数項，$\alpha, \alpha^2, \alpha^3, \alpha^4$ の係数を求めると，

$$\begin{aligned} c\ &= ab \qquad\qquad +a_3b_2+a_2b_3 \\ c_1 &= a_1b+ab_1 \qquad\qquad +a_3b_3 \\ c_2 &= a_2b+a_1b_1+ab_2 \\ c_3 &= a_3b+a_2b_1+a_1b_2+ab_3 \\ c_4 &= \qquad a_3b_1+a_2b_2+a_1b_3 \end{aligned}$$

と計算が進みます．4個の係数 c, c_1, c_2, c_4 はどれも3個の項の和で，それぞれ b_1, b_2, b_3, b を含む項が欠けていますが，それらを c_3 を構成する4個の項で補うと形が整い，5個の係数 c, c_1, c_2, c_3, c_4 の和は

$$c+c_1+c_2+c_3+c_4=(a+a_1+a_2+a_3)(b+b_1+b_2+b_3)$$

という形になることがわかります．

この計算例を踏まえて一般の場合を考えると，

$$\begin{aligned} c &= ab+a_{\lambda-2}b_2+a_{\lambda-3}b_3+\cdots+a_3b_{\lambda-3}+a_2b_{\lambda-2} \\ c_1 &= a_1b+ab_1+a_{\lambda-2}b_3+\cdots+a_4b_{\lambda-3}+a_3b_{\lambda-2} \\ c_2 &= a_2b+a_1b_1+ab_2+\cdots+a_5b_{\lambda-3}+a_4b_{\lambda-2} \\ &\cdots \quad \cdots \\ c_{\lambda-3} &= a_{\lambda-3}b+a_{\lambda-4}b_1+a_{\lambda-5}b_2+\cdots+ab_{\lambda-3} \\ c_{\lambda-2} &= a_{\lambda-2}b+a_{\lambda-3}b_1+a_{\lambda-4}b_2+\cdots+a_1b_{\lambda-3}+ab_{\lambda-2} \\ c_{\lambda-1} &= a_{\lambda-2}b_1+a_{\lambda-3}b_2+a_{\lambda-4}b_3+\cdots+a_2b_{\lambda-3}+a_1b_{\lambda-2} \end{aligned}$$

と算出されます．$c, c_1, c_2, \cdots, c_{\lambda-3}, c_{\lambda-1}$ は $\lambda-2$ 個の項の和で，それぞれ $b_1, b_2, b_3, \cdots, b_{\lambda-2}, b$ を含む項が欠けています．$c_{\lambda-2}$ は $\lambda-1$ 個の項の和です．

これらを加えると，積 $\psi(\alpha)$ の係数の和は

$$\begin{aligned}&c+c_1+c_2+\cdots+c_{\lambda-1}\\&=(a+a_1+a_2+\cdots+a_{\lambda-2})(b+b_1+b_2+\cdots+b_{\lambda-2})\end{aligned}$$

ときれいな形に表されます．$f(\alpha)$ と $\varphi(\alpha)$ の積の表示を標準形にせずに，ひとまず最終項 $\alpha^{\lambda-1}$ を遺したのは，この表示を手に入れるためでした．

他方，方程式

$$1+\alpha+\alpha^2+\cdots+\alpha^{\lambda-1}=0$$

により，$\alpha^{\lambda-1}=-1-\alpha-\alpha^2+\cdots-\alpha^{\lambda-2}$．これを積 $\psi(\alpha)$ に代入すると，

$$\psi(\alpha)=c-c_{\lambda-1}+(c_1-c_{\lambda-1})\alpha+(c_2-c_{\lambda-1})\alpha^2+\cdots+(c_{\lambda-2}-c_{\lambda-1})\alpha^{\lambda-2}$$

という形に帰着されます．これが $f(\alpha)$ と $\varphi(\alpha)$ の積の標準形です．

$f(\alpha)$ と $\varphi(\alpha)$，それにそれらの積 $\psi(\alpha)$ の標準形における係数の総和をそれぞれ A, B, C と表記すると，A, B については

$$A=a+a_1+a_2+\cdots+a_{\lambda-2}$$
$$B=b+b_1+b_2+\cdots+b_{\lambda-2}$$

となり，前記の計算の結果は

$$c_1+c_2+c_3+\cdots+c_{\lambda-1}=AB$$

と表されます．C については，もう一歩計算を進めて，

$$\begin{aligned}C&=(c-c_{\lambda-1})+(c_1-c_{\lambda-1})+(c_2-c_{\lambda-1})+\cdots\cdots+(c_{\lambda-2}-c_{\lambda-1})\\&=c+c_1+c_2+\cdots+c_{\lambda-2}-(\lambda-1)c_{\lambda-1}\\&=c_1+c_2+c_3+\cdots+c_{\lambda-1}-\lambda c_{\lambda-1}\end{aligned}$$

と算出されます．よって，$c_1+c_2+c_3+\cdots+c_{\lambda-1}=C+\lambda c_{\lambda-1}$．それゆえ，$C+\lambda c_{\lambda-1}=AB$．これで合同式

$$AB \equiv C \pmod{\lambda}$$

が得られました．この状況を指して，クンマーは，

> 二つの複素数の積の係数の和は，その積の二つの因子の係数の和の積と，法 λ に関して合同である．

と言い表しました．これがクンマーの論文に現れた最初の定理です．簡単な計算の帰結にすぎませんが，当初から洞察していなければここに到達するのは至難です．また，複素数の標準形の一意性の認識がなければ，標準形における係数の総和は定まらないことにも留意しておきたいと思います．

ノルムが λ で割り切れるための条件を求める

先ほどの定理は2個の複素数について語られましたが，複素数の個数が何個になっても同様です．そこでこれを受け入れて，複素数

$$f(\alpha) = a + a_1\alpha + a_2\alpha^2 + \cdots + a_{\lambda-2}\alpha^{\lambda-2}$$

のノルムの構成に参加する $\lambda-1$ 個の共役因子に適用すると，共役因子の係数の和はすべて等しいことに留意して，合同式

$$\mathrm{N}f(\alpha) \equiv (a + a_1 + a_2 + \cdots + a_{\lambda-2})^{\lambda-1} \pmod{\lambda}$$

が得られます．この合同式を観察すると，

> ある複素数のノルムが λ で割り切れるためには，その数の係数の和が λ で割り切れることが必要で，しかも十分である．

という事実が判明します．

複素数 $f(\alpha)$ の係数の和が λ で割り切れないなら，フェルマの小定理により，合同式

$$(a+a_1+a_2+\cdots+a_{\lambda-2})^{\lambda-1}\equiv 1 \pmod{\lambda}$$

が成立し，その結果，合同式

$$\mathrm{N}f(\alpha)\equiv 1 \pmod{\lambda}$$

が導かれます．クンマーはこれを，

係数の和が λ で割り切れない複素数のノルムは，$m\lambda+1$ という 1 次式の形に表される．

と言い表しました．

複素数の除法

複素数の加法，減法，乗法の様子を観察してきましたが，除法の場ではどのような光景が現れるでしょうか．有理整数の場合なら，有理整数 a がもうひとつの有理整数 b で割り切れるというのは，商 $\frac{a}{b}=c$ が有理整数であることと諒解されます．この流儀を複素数域にも及ぼそうというのであれば，ある複素数 $\varphi(\alpha)$ がもうひとつの複素数 $f(\alpha)$ で割り切れるというのは，商

$$\frac{\varphi(\alpha)}{f(\alpha)}=\psi(\alpha)$$

が複素数の中でも特に「整数」の名に値する数でなければならないところです．実際，商 $\psi(\alpha)$ は**複素整数**（**un nombre entier**

complexe）でなければならないと，クンマーは明記しています．ところが，その複素整数とは何かといえば，これまで単に複素数と呼んできたものにほかなりません．クンマーのいう複素数の世界に複素整数という名に相応しい特別の複素数が存在するというのではなく，クンマーが考察の対象として設定した複素数は，いわばはじめから整数そのものでした．それゆえ，本当は「整数」と明記する必要はなく，これまでとおり単に「複素数」と書けば十分でした．クンマーの心情を忖度すると，割り算を考える場面ではやはり「整数」の一語を表に出したかったのではないでしょうか．

分数 $\dfrac{\varphi(\alpha)}{f(\alpha)}$ の分母と分子の双方に

$$f(\alpha^2)\cdot f(\alpha^3)\cdots f(\alpha^{\lambda-1})$$

を乗じると，分母に $f(\alpha)$ のノルム $\mathrm{N}f(\alpha)$ が現れて，

$$\frac{\varphi(\alpha)f(\alpha^2)\cdot f(\alpha^3)\cdots f(\alpha^{\lambda-1})}{\mathrm{N}f(\alpha)}=\psi(\alpha)$$

という形になります．ノルム $\mathrm{N}f(\alpha)$ は有理整数です．そこで積

$$\varphi(\alpha)f(\alpha^2)f(\alpha^3)\cdots f(\alpha^{\lambda-1})$$

の標準形を

$$c+c_1\alpha+c_2\alpha^2+\cdots+c_{\lambda-2}\alpha^{\lambda-2}$$

とするとき，$\psi(\alpha)$ が複素整数であるためには係数 $c, c_1, c_2, \cdots, c_{\lambda-2}$ はすべて $\mathrm{N}f(\alpha)$ で割り切れなければならないことが帰結します．逆に，この条件が満たされるなら，$\varphi(\alpha)$ は実際に $f(\alpha)$ で割り切れます．

第3章 複素単数の理論の構築

複素単数とは

クンマーの論文「1の冪根と整数で作られる複素数の理論」の第2章には「複素単数の理論」という章題が附されていて，**複素単数**（**unités complexes**）の構造が詳しく調べられています．クンマーのいう複素単数というのはノルムが1に等しい複素数のことで，$\lambda=3$ の場合を唯一の例外として，一般に無数に存在します．第1章で複素数の概念が導入されたのに続いて，第2章でいきなり複素単数が登場するのはなぜなのだろうという疑問もありますが，複素単数は複素数をめぐるあらゆる問題において主役を演じるから，というのがクンマーの弁明です．

ノルムや単数の概念はガウスの「4次剰余の理論」に現れました．ガウスは1の虚4乗根 $i=\sqrt{-1}$ を数論に導入し，$a+bi$（a, b は有理整数）という形の複素数を指して複素整数と呼びました．$a+bi$ と共役な複素整数といえば $a-bi$ のことで，$a+bi$ と $a-bi$ の積

$$(a+bi)(a-bi)=a^2+b^2$$

は $a+bi$ のノルムです．ノルムが1となる複素整数が単数（unitas）で，$+1, -1, +i, -i$ という4個の単数が存在します．ガウスによ

る呼び名はそれぞれ正の単数，負の単数，正の虚単数，負の虚単数です．ガウスには，4次剰余の理論を構築するためには，有理整数の世界で1と-1が果たす役割を担う複素整数を把握しなければならないという自覚があり，それを「ノルムが1になる複素整数」として認識したのでした．

$i=\sqrt{-1}$ の冪 i, $i^2=-1$, $i^3=-i$ と1を合せると，複素平面上に描かれた単位円周を4等分する4個の数値が得られます．$\lambda=4$ は奇素数ではありませんからクンマーのいう複素数の仲間ではありませんが，クンマーの複素数の理論がガウスの4次剰余の理論の影響下にあるのは明白で，複素数のノルムや単数もガウスが開いた道筋に沿って考えられています．

一般に複素単数は無限に存在する

まずはじめに，これは明白なことですが，2λ 個の複素数

$$\pm 1,\ \pm\alpha,\ \pm\alpha^2,\ \cdots,\ \pm\alpha^{\lambda-1}$$

は単数です．クンマーはこれらの単数を**単純単数**（**unités simples**）と呼んでいます．

次に，r は λ で割り切れない任意の正の整数として，複素数

$$1+\alpha+\alpha^2+\cdots+\alpha^{r-1}=\frac{1-\alpha^r}{1-\alpha}$$

を考えてみます．この複素数のノルムは，

$$\frac{(1-\alpha^r)(1-\alpha^{2r})(1-\alpha^{3r})\cdots(1-\alpha^{(\lambda-1)r})}{(1-\alpha)(1-\alpha^2)(1-\alpha^3)\cdots(1-\alpha^{\lambda-1})}$$

という形の分数になります．ここで，r が λ で割り切れない以上，$\lambda-1$ 個の数 $r, 2r, 3r, \cdots, (\lambda-1)r$ の正の最小剰余を作ると，順序は異なるとしても，$\lambda-1$ 個の数 $1, 2, 3, \cdots, \lambda-1$ が現れます．したがって，分子に見られる $\lambda-1$ 個の因子

$$1-\alpha^r,\ 1-\alpha^{2r},\ 1-\alpha^{3r},\ \cdots,\ 1-\alpha^{(\lambda-1)r}$$

と，分母を作る $\lambda-1$ 個の因子

$$1-\alpha,\ 1-\alpha^2,\ 1-\alpha^3,\ \cdots,\ 1-\alpha^{\lambda-1}$$

を比べると，異なるのは配列の順序だけで，全体として一致しています．それゆえ，上記の分数は実は 1 にほかなりません．これで，複素数

$$\frac{1-\alpha^r}{1-\alpha}$$

は複素単数であることがわかりました．冪指数 r は正として考えてきましたが，負の場合にも同じことになります．

それほど簡単な形ではありませんし，このような複素単数に目を留めたのは優に発見の名に値する営為と思います．単純単数と合わせると，これで 2 種類の系統の複素単数が見つかりました．

複素単数の冪は，冪指数の正負に関わらずつねに複素単数です．また，いくつかの複素単数の積もまた複素単数ですから，冪指数 $m, n, p, \cdots$ としてどのような整数を採っても，複素数

$$\pm\alpha^k\left(\frac{1-\alpha^r}{1-\alpha}\right)^m\left(\frac{1-\alpha^s}{1-\alpha}\right)^n\left(\frac{1-\alpha^t}{1-\alpha}\right)^p\cdots$$

は複素単数です．ここで，$k, m, n, p, \cdots$ は任意の整数．$r, s, t, \cdots$ は λ で割り切れない任意の整数です．

このようにして，一般に（というのは，$\lambda=3$ という例外の場合があるからです．この例外については後述します），無数の複素単数が手に入ります．クンマーはこの事実を語り，それから言葉をあらためて，複素単数の理論におけるもっとも重要で，しかももっともデリケートな問題は，ありとあらゆる複素単数をもっとも単純な形に表示することだと指摘しました．複素単数の理論はこのあたりから次第に佳境に入っていきます．

等式 $\dfrac{\mathrm{E}(\alpha)}{\mathrm{E}(\alpha^{-1})}=\pm\alpha^k$

$\mathrm{E}(\alpha)$ は任意の複素単数とするとき，

$$\frac{\mathrm{E}(\alpha)}{\mathrm{E}(\alpha^{-1})}=\pm\alpha^k$$

という等式が成立するとクンマーは主張しました．以下，これをクンマーにならって証明します．この等式の左辺の分数式が複素整数（クンマーはここで「整数」と書いています）であることは明白ですから，これを

$$\frac{\mathrm{E}(\alpha)}{\mathrm{E}(\alpha^{-1})}=\varphi(\alpha)=a+a_1\alpha+a_2\alpha^2+\cdots+a_{\lambda-1}\alpha^{\lambda-1}$$

と置きます．このとき，

$$\varphi(\alpha)\varphi(\alpha^{-1})=1$$

となります．これは明らかに成立する等式ですが，

$$\begin{aligned}\varphi(\alpha^{-1})&=a+a_1\alpha^{-1}+a_2\alpha^{-2}+\cdots+a_{\lambda-1}\alpha^{-\lambda+1}\\&=a+a_1\alpha^{\lambda-1}+a_2\alpha^{\lambda-2}+\cdots+a_{\lambda-1}\alpha\end{aligned}$$

に留意して左辺の積を実行してみます．

$$\varphi(\alpha)\varphi(\alpha^{-1})=A+A_1\alpha+A_2\alpha^2+\cdots+A_{\lambda-1}\alpha^{\lambda-1}$$

と置いて，係数 $A, A_1, A_2, \cdots, A_{\lambda-1}$ を求めると，

$$\begin{aligned}&A=a^2+a_1^2+a_2^2+\cdots+a_{\lambda-1}^2,\\&A_1=aa_1+a_1a_2+a_2a_3+\cdots+a_{\lambda-1}a,\\&A_2=aa_2+a_1a_3+a_2a_4+\cdots+a_{\lambda-1}a_1,\\&\quad\cdots\qquad\cdots\\&A_{\lambda-1}=aa_{\lambda-1}+a_1a+a_2a_1+\cdots+a_{\lambda-1}a_{\lambda-2}\end{aligned}$$

と表示されます．これらの係数を加えると，

$$A+A_1+A_2+\cdots+A_{\lambda-1}=(a+a_1+a_2+\cdots+a_{\lambda-1})^2$$

となります．他方，等式

$$\begin{aligned}\varphi(\alpha)\varphi(\alpha^{-1})&=A+A_1\alpha+A_2\alpha^2+\cdots+A_{\lambda-1}\alpha^{\lambda-1}\\&=1\end{aligned}$$

が成立します．$1+\alpha+\alpha^2+\cdots+\alpha^{\lambda-2}+\alpha^{\lambda-1}=0$ より $\alpha^{\lambda-1}=-1-\alpha-\alpha^2-\cdots-\alpha^{\lambda-2}$．これを代入して形を整えると，等式

$$(A-A_{\lambda-1})+(A_1-A_{\lambda-1})\alpha+\cdots$$
$$\cdots+(A_{\lambda-2}-A_{\lambda-1})\alpha^{\lambda-2}=1$$

が得られます．これより，

$$A_1=A_2=A_3=\cdots=A_{\lambda-2}=A_{\lambda-1},\ A=A_{\lambda-1}+1$$

が導かれて，上記の等式は

$$1+\lambda A_{\lambda-1}=(a+a_1+a_2+\cdots+a_{\lambda-1})^2$$

となります．これより合同式

$$\pm1\equiv a+a_1+a_2+\cdots+a_{\lambda-1}\ (\text{mod}.\lambda)$$

が得られます．

$a+a_1+a_2+\cdots+a_{\lambda-1}$ の λ に関する絶対最小剰余を k として，この和を $m\lambda+k$ という形に表示してみます．ここで，m は0または正負の整数．k の大きさは $\dfrac{\lambda}{2}$ 以下です．この m を用いて，

$$a'=a-m,\ a_1'=a_1-m,$$
$$a_2'=a_2-m,\cdots,a_{\lambda-1}'=a_{\lambda-1}-m$$

と置くと，

$$\begin{aligned}&a'+a_1'\alpha+a_2'\alpha^2+\cdots+a_{\lambda-1}'\alpha^{\lambda-1}\\&=a+a_1\alpha+a_2\alpha^2+\cdots+a_{\lambda-1}\alpha^{\lambda-1}-m(1+\alpha+\alpha^2+\cdots+\alpha^{\lambda-1})\\&=\varphi(\alpha)\end{aligned}$$

となります．$\varphi(\alpha)$ の係数 $a,a_1,a_2,\cdots,a_{\lambda-1}$ を $a',a_1',a_2',\cdots,a_{\lambda-1}'$ で置き換えても $\varphi(\alpha)$ の値は変らないことを，この等式は示しています．そうして

$$\begin{aligned}a'+a_1'+a_2'+\cdots+a_{\lambda-1}'&=a+a_1+a_2+\cdots+a_{\lambda-1}-m\lambda\\&=(m\lambda+k)-m\lambda=k\end{aligned}$$

となり，この和の大きさは $\dfrac{\lambda}{2}$ 以下であることがわかります．そこではじめから $\varphi(\alpha)$ の係数 $a,a_1,a_2,\cdots,a_{\lambda-1}$ を適切に選定して，

それらの和の大きさが $\frac{\lambda}{2}$ 以下であるようにしておくと，上記の合同式は等式

$$a+a_1+a_2+\cdots+a_{\lambda-1}=\pm 1$$

に転化します．これより，$A+A_1+A_2+\cdots+A_{\lambda-1}=(a+a_1+\cdots+a_{\lambda-1})^2=1+\lambda A_{\lambda-1}=1$．よって，

$$A_1=0,\ A_2=0,\ A_3=0,\cdots,\ A_{\lambda-1}=0$$
$$A=a^2+a_1^2+a_2^2+\cdots+a_{\lambda-1}^2=1.$$

整数 $a,a_1,a_2,\cdots,a_{\lambda-1}$ の平方の和が1になりうるのは，これらの平方数のうちのどれかひとつが1に等しく，他の数はみな0になる場合のみです．1に等しい平方数を a_k^2 とすると，$a_k=\pm 1$ ですから，

$$\frac{\mathrm{E}(\alpha)}{\mathrm{E}(\alpha^{-1})}=\pm\alpha^k$$

となります．

特別の場合として単純単数 $\mathrm{E}(\alpha)=\pm\alpha^k$ を取り上げると $\frac{\mathrm{E}(\alpha)}{\mathrm{E}(\alpha^{-1})}=\alpha^{2k}$ となりますから，上記の等式は成立しています．もうひとつのタイプの単数 $\mathrm{E}(\alpha)=\frac{1-\alpha^r}{1-\alpha}$ については，$\frac{\mathrm{E}(\alpha)}{\mathrm{E}(\alpha^{-1})}=\alpha^{r-1}$ となり，上記の等式はやはり成立します．

複素単数の形のいろいろ

前節で確立された等式 $\frac{\mathrm{E}(\alpha)}{\mathrm{E}(\alpha^{-1})}=\pm\alpha^k$ により，複素単数の形状について相当に具体的な情報が得られます．クンマーはこの等式から帰結することとして，あらゆる複素単数を包摂する数式を書きました．それは，h はある有理整数として，

$$\mathrm{E}(\alpha)=\alpha^{h}[c+c_1(\alpha+\alpha^{-1})+c_2(\alpha^2+\alpha^{-2})+\cdots+c_{\mu}(\alpha^{\mu}+\alpha^{-\mu})]$$

という数式です．ここで，

$$\mu=\frac{\lambda-1}{2}$$

と置きました．$c, c_1, c_2, \cdots, c_{\mu}$ は有理整数です．複素単数は単純単数と２項周期 $\alpha+\alpha^{-1}$, $\alpha^2+\alpha^{-2}$, $\alpha^3+\alpha^{-3}, \cdots$ の関数に分解されることを，この等式は示しています．

この数式については書き添えておくべきことがいくつもあります．複素単数ばかりではなく，一般に複素整数は有理整数を係数とする α の多項式 $f(\alpha)$ の形で表されますが，$\alpha^{\lambda}=1$ に留意すると，$f(\alpha)$ の次数は高々 $\lambda-1$ にとどまります．また，α の冪を

$$\alpha, \alpha^2, \cdots, \alpha^{\mu}, \alpha^{\mu+1}, \cdots, \alpha^{\mu+\frac{\lambda-1}{2}}$$

と書き並べていくと，後半の冪については，

$$\alpha^{\mu+k}=\alpha^{-(\lambda-\mu-k)} \quad \left(k=1,2,\cdots,\frac{\lambda-1}{2}\right)$$

となりますから，これらは α^{-1} の冪と見られることがわかります．それゆえ，$f(\alpha)$ は α と α^{-1} の多項式の形に表され，しかもそれぞれの次数は高々 $\mu=\dfrac{\lambda-1}{2}$ にとどまります．

等式 $\dfrac{\mathrm{E}(\alpha)}{\mathrm{E}(\alpha^{-1})}=\pm\alpha^{k}$ の右辺において，単純単数と単数 $\mathrm{E}(\alpha)=\dfrac{1-\alpha^{r}}{1-\alpha}$ について観察したように負符号は成立しませんので放棄して，正符号を採用します．もし右辺の冪指数 k が奇数なら，λ を加えて偶数 $k+\lambda$ を作り，k に代ってこれを採用することにして，はじめから k は偶数としておきます．$k=2h$ と置いて，上記の等式を変形すると，

$$\alpha^{-h}\mathrm{E}(\alpha)=\alpha^{h}\mathrm{E}(\alpha^{-1})$$

となります．$\alpha^{-h}\mathrm{E}(\alpha)$ を α と α^{-1} による表示式と見て，これを

$$\varphi(\alpha, \alpha^{-1})=\alpha^{-h}\mathrm{E}(\alpha)$$

と表記すると，$\varphi(\alpha,\alpha^{-1})$ は α と α^{-1} に関して対称的であることを，この等式は示しています．それゆえ，$\varphi(\alpha,\alpha^{-1})$ は $\alpha+\alpha^{-1}$ の多項式として表示されます．

もう一歩計算を進めると，

$$(\alpha+\alpha^{-1})^2=2+\alpha^2+\alpha^{-2}.$$

よって，$(\alpha+\alpha^{-1})^2$ は $\alpha^2+\alpha^{-2}$ を用いて表示されます．また，

$$(\alpha+\alpha^{-1})^3=\alpha^3+\alpha^{-3}+3\times(\alpha+\alpha^{-1}).$$

よって，$(\alpha+\alpha^{-1})^3$ は $\alpha+\alpha^{-1}$ と $\alpha^3+\alpha^{-3}$ を用いて表示されます．以下も同様に続けていくと，$\alpha+\alpha^{-1}$ の冪はどれもみな μ 個の2項周期

$$\alpha+\alpha^{-1},\ \alpha^2+\alpha^{-2},\ \alpha^3+\alpha^{-3},\ \cdots,\ \alpha^\mu+\alpha^{-\mu}$$

により表示されることが明らかになります．クンマーのいう複素単数の一般形

$$E(\alpha)=\alpha^h[c+c_1(\alpha+\alpha^{-1})+c_2(\alpha^2+\alpha^{-2})+\cdots+c_\mu(\alpha^\mu+\alpha^{-\mu})]$$

が，こうして手に入ります．

$\lambda=3$ の場合

$\lambda=3$ の場合は一般論の例外で，複素単数は有限個しか存在しません．それらを探索するために，複素単数 $\mathrm{E}(\alpha)$ を

$$\mathrm{E}(\alpha)=\alpha^h[c+c_1(\alpha+\alpha^{-1})]$$

と，一般的な形に表示してみます．$\alpha^{-1}=\alpha^2$, $1+\alpha+\alpha^2=0$ により，$\alpha+\alpha^{-1}=\alpha+\alpha^2=-1$．よって，

$$\mathrm{E}(\alpha)=\alpha^h(c-c_1)$$

という形になりますが，ノルムは1ですから，必然的に $c-c_1=\pm1$ となるほかはありません．それゆえ，この場合，複素単数は

$$\pm 1,\ \pm\alpha,\ \pm\alpha^2$$

となります．これですべてです．

$\lambda=5$ の場合

今度は複素単数の一般形は

$$\mathrm{E}(\alpha)=\alpha^h[c+c_1(\alpha+\alpha^{-1})+c_2(\alpha^2+\alpha^{-2})]$$

となります．ここで，$\alpha^{-1}=\alpha^4$．また，$1+\alpha+\alpha^2+\alpha^3+\alpha^4=0$ より $\alpha^2+\alpha^{-2}=\alpha^2+\alpha^3=-1-\alpha-\alpha^4$．これらを代入すると，

$$\begin{aligned}\mathrm{E}(\alpha)&=\alpha^h[c+c_1(\alpha+\alpha^4)+c_2(-1-\alpha-\alpha^4)]\\&=\alpha^h[c-c_2+(\alpha+\alpha^4)(c_1-c_2)]\end{aligned}$$

と計算が進みます．$c-c_2=t$, $c_1-c_2=u$ と置くと，

$$\mathrm{E}(\alpha)=\alpha^h[t+(\alpha+\alpha^4)u]$$

という形になります．積 $\mathrm{E}(\alpha)\mathrm{E}(\alpha^2)$ を計算すると，

$$\begin{aligned}\mathrm{E}(\alpha)\mathrm{E}(\alpha^2)&=\alpha^h[t+(\alpha+\alpha^4)u]\times\alpha^{2h}[t+(\alpha^2+\alpha^8)u]\\&=\alpha^h[t+(\alpha+\alpha^4)u]\times\alpha^{2h}[t+(\alpha^2+\alpha^3)u]\\&=\alpha^{3h}[t^2+(\alpha+\alpha^4+\alpha^2+\alpha^3)tu+(\alpha^3+\alpha^4+\alpha^6+\alpha^7)u^2]\\&=\alpha^{3h}[t^2+(\alpha+\alpha^4+\alpha^2+\alpha^3)tu+(\alpha^3+\alpha^4+\alpha+\alpha^2)u^2]\\&=\alpha^{3h}(t^2-tu-u^2)\end{aligned}$$

となります．この積は複素単数ですから，t と u は方程式

$$t^2-tu-u^2=\pm 1$$

により結ばれています．そこで，これを t と u に関する不定方程式と見て一般解を探索することが，すべての複素単数を手にするための第1着手になります．2次不定方程式ならラグランジュが確立した手法で解けますし，2次形式 t^2-tu-u^2 により数 ± 1 を表示するという視点に立つなら，ガウスの著作『アリトメチカ研究』の第5章「2次形式と2次不定方程式」に，2次形式の変換理論に基づく解法手順が記されています．

クンマーの論文「1の冪根と整数で作られる複素数の理論」には一般解は記されていませんが，1847年の『リューヴィユの数学誌』に掲載された論文「1の冪根と実整数で作られる複素数について」には，

$$t=\frac{(\frac{-1+\sqrt{5}}{2})^{m-1}-(\frac{-1-\sqrt{5}}{2})^{m-1}}{\sqrt{5}},$$

$$u=\frac{(\frac{-1+\sqrt{5}}{2})^{m}-(\frac{-1-\sqrt{5}}{2})^{m}}{\sqrt{5}}$$

という一般解が書き留められています（1847年の論文「1の冪根と実整数で作られる複素数について」では m ではなく n が用いられていますが，ここで読み進めている1851年の論文の表記に合わせて m に変えて引用しました）．m は0または任意の正負の整数で，0または偶数の m に対しては $t^2-tu-u^2=1$ となり，奇数の m に対しては $t^2-tu-u^2=-1$ となります．また，t と u が解であれば $-t$ と $-u$ も解になります．

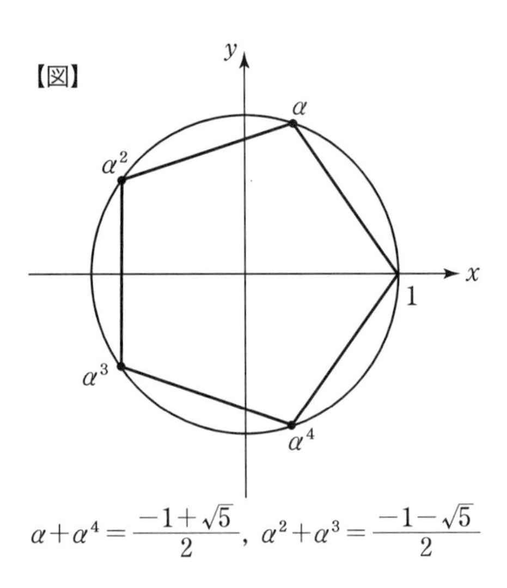

$$\alpha+\alpha^4=\frac{-1+\sqrt{5}}{2},\ \alpha^2+\alpha^3=\frac{-1-\sqrt{5}}{2}$$

もう少し計算を進めて，$\frac{-1+\sqrt{5}}{2}$ という数値と α の関係を明

らかにしておきたいと思います．$\alpha+\alpha^4=M$, $\alpha^2+\alpha^3=N$ と置いて M,N の数値を求めてみます．和を作ると，$M+N=-1$．積を作ると，

$$MN=(\alpha+\alpha^4)(\alpha^2+\alpha^3)=\alpha^3+\alpha^4+\alpha^6+\alpha^7$$
$$=\alpha^3+\alpha^4+\alpha+\alpha^2=-1.$$

それゆえ，M,N は2次方程式

$$X^2+X-1=0$$

の2根です．α は方程式 $\alpha^5=1$ を満たす虚数というだけで，それ以上の限定は課されていませんが，この方程式を満たす4個の虚数は複素平面上の各象限に1個ずつ配置されています．そこで今，考えを定めるために第1象限内の虚根をあらためて α と表記することにすると，$M>0$, $N<0$ となります(【図】参照)．これで M,N の値

$$M=\frac{-1+\sqrt{5}}{2},\ N=\frac{-1-\sqrt{5}}{2}$$

が得られます．こうして t,u と α の間に橋が架かり，

$$t=\frac{(\alpha+\alpha^4)^{m-1}-(\alpha^2+\alpha^3)^{m-1}}{\alpha+\alpha^4-\alpha^2-\alpha^3},$$
$$u=\frac{(\alpha+\alpha^4)^{m}-(\alpha^2+\alpha^3)^{m}}{\alpha+\alpha^4-\alpha^2-\alpha^3}$$

という表示が得られます．

この表示に基づいてさらに計算を進めると，等式

$$t+u(\alpha+\alpha^4)=(\alpha+\alpha^4)^m$$

に到達します．実際，

$$t=\frac{M^{m-1}-N^{m-1}}{M-N},\ u=\frac{M^m-N^m}{M-N}$$

と表記して計算を進めると，

$$t+uM=\frac{1}{M-N}\{(M^{m-1}-N^{m-1})+(M^m-N^m)M\}$$
$$=\frac{1}{M-N}\{M^{m-1}+M^{m+1}-N^{m-1}-N^mM\}$$
$$=\frac{1}{M-N}\{M^{m-1}(1+M^2)-N^{m-1}(1+NM)\}.$$

ここで，$1+MN=0$．また，

$$\frac{1+M^2}{M-N}=\frac{1+M^2}{M+\frac{1}{M}}=M.$$

これで，等式

$$t+uM=M^m$$

が確められました．

これで，$\lambda=5$ の場合，複素単数は

$$\mathrm{E}(\alpha)=\alpha^h(\alpha+\alpha^4)^m$$

という簡明な形に表示されました．不定方程式 $t^2-tu-u^2=-1$ の解 t,u から出発してこのような表示に到達しましたが，解 t,u に付随するもう一組の解 $-t,-u$ から出発して同様の議論を繰り返すと，

$$E(\alpha)=-\alpha^h(\alpha+\alpha^4)^m$$

という表示が得られます．$\lambda=5$ の場合の複素単数はこれらの二通りの表示で尽くされています．

新原理の提示

$\lambda=3$ の場合には複素単数の構造は単純で，6個の単純単数が存在するのみでした．$\lambda=5$ に移ると状況は格段にむずかしくなります．複素単数の一般形は見つかりましたが，そこにいたるまでには実にたいへんな計算を重ねていかなければなりませんでした．こんなふうにしてさらに先に進もうとすると，たちまち

越えがたい巨大な困難に遭遇して行く手をさえぎられてしまいます．これを乗り越えるには新しい原理をもってするほかはないとクンマーは宣言し，その新原理というのはディリクレが提示したものであることを明記して，ディリクレの論文

「複素単数の理論」

を挙げました．ディリクレはこれを 1846 年 3 月 30 日にベルリン科学アカデミーの物理学・数学部門の会議で報告しています (1846 年の『報告集』，103–107 頁)．

ここから先の叙述では，クンマーは全面的にディリクレの新原理に依拠しています．また，クンマーはクロネッカーの学位論文「複素単数について」(1845 年) にも深い敬意を払い，そこに見られる美しい果実のいくつかを紹介するとも書き添えています．

第4章
独立単数系の構成

単数の作る独立系

ここまでのところで，複素単数は一般に

$$E(\alpha)=\alpha^h[c+c_1(\alpha+\alpha^{-1})+c_2(\alpha^2+\alpha^{-2})+\cdots+c_\mu(\alpha^\mu+\alpha^{-\mu})]$$

という形であることが明らかになりました．ここで，λ は奇素数として，

$$\mu=\frac{\lambda-1}{2}$$

と置きました．この一般形を観察すると，2種類の因子が目に留まります．ひとつは単純単数，すなわち $\pm\alpha^h$ という形の単数です．もうひとつの因子は，2項周期

$$\alpha+\alpha^{-1}, \alpha^2+\alpha^{-2}, \cdots$$

を用いて組立てられています．単純単数が付随しない $\mu-1=\frac{\lambda-3}{2}$ 個の単数を取り上げて，それらを

$$c_1(\alpha),\ c_2(\alpha),\ c_3(\alpha), \cdots, c_{\mu-1}(\alpha)$$

と表記します．これらの単数には2項周期だけしか含まれていませんし，2項周期はみな実数ですから，これらの単数はどれも実数です．それゆえ，正であるか，または負であるかのいずれかであることになりますが，つねに正のほうを採用することに

して，$c_1(\alpha), c_2(\alpha), c_3(\alpha), \cdots, c_{\mu-1}(\alpha)$ はすべて正であるものとしておきます．このようにしておくと，これらの単数の対数を作ることができます．

このように状況を整えておいて，$m_1, m_2, m_3, \cdots$ は整数として，積

$$c_1(\alpha)^{m_1} \cdot c_2(\alpha)^{m_2} \cdot c_2(\alpha)^{m_3} \cdot \cdots \cdot c_{\mu-1}(\alpha)^{m_{\mu-1}}$$

を作ると，おびただしい数の複素単数が出現しますが，それらはみな相異なるとします．言い換えると，もし冪指数の作る二つの系 $m_1,\ m_2, \cdots, m_{\mu-1}$ と $n_1, n_2, \cdots, n_{\mu-1}$ に対して等式

$$c_1(\alpha)^{m_1} \cdot c_2(\alpha)^{m_2} \cdot c_3(\alpha)^{m_3} \cdot \cdots \cdot c_{\mu-1}(\alpha)^{m_{\mu-1}}$$
$$= c_1(\alpha)^{n_1} \cdot c_2(\alpha)^{n_2} \cdot c_3(\alpha)^{n_3} \cdot \cdots \cdot c_{\mu-1}(\alpha)^{n_{\mu-1}}$$

が成立するなら，そのとき必然的に

$$m_1 = n_1, m_2 = n_2, \cdots, m_{\mu-1} = n_{\mu-1}$$

となるという状況が観察されるとします．これをさらに言い換えて，等式

$$c_1(\alpha)^{m_1} \cdot c_2(\alpha)^{m_2} \cdot c_3(\alpha)^{m_3} \cdot \cdots \cdot c_{\mu-1}(\alpha)^{m_{\mu-1}} = 1$$

が成立するのは $m_1 = m_2 = \cdots = m_{\mu-1} = 0$ のときに限定されるとします．このとき，クンマーは単数形 $c_1(\alpha), c_2(\alpha), c_3(\alpha), \cdots, c_{\mu-1}(\alpha)$ を**独立系**と呼びました．その際，「ディリクレにしたがって」と言い添えて，この呼び名を提案したのはディリクレであることを明記しています．

独立系であるための条件

単数系 $c_1(\alpha), c_2(\alpha), c_3(\alpha), \cdots, c_{\mu-1}(\alpha)$ が独立系であるための条件は，$\mu-1$ 次の正方行列

$$
\mathrm{F}=\begin{pmatrix}
\log c_1(\alpha) & \log c_2(\alpha) & \log c_3(\alpha) & \cdots & \log c_{\mu-1}(\alpha) \\
\log c_1(\alpha^{\gamma}) & \log c_2(\alpha^{\gamma}) & \log c_3(\alpha^{\gamma}) & \cdots & \log c_{\mu-1}(\alpha^{\gamma}) \\
\log c_1(\alpha^{\gamma^2}) & \log c_2(\alpha^{\gamma^2}) & \log c_3(\alpha^{\gamma^2}) & \cdots & \log c_{\mu-1}(\alpha^{\gamma^2}) \\
\vdots & \vdots & \vdots & \cdots & \vdots \\
\log c_1(\alpha^{\gamma^{\mu-2}}) & \log c_2(\alpha^{\gamma^{\mu-2}}) & \log c_3(\alpha^{\gamma^{\mu-2}}) & \cdots & \log c_{\mu-1}(\alpha^{\gamma^{\mu-2}})
\end{pmatrix}
$$

が正則行列であること，言い換えると，その行列式をDとするとき，$\mathrm{D}\neq 0$ となることであるとクンマーは言っています．ここで，γ は奇素数 λ を法とする原始根，言い換えると，$\lambda-1$ 乗してはじめて法 λ に関して1と合同になる数を表しています．

これを確認します．等式

$$
\begin{aligned}
& c_1(\alpha)^{m_1}\cdot c_2(\alpha)^{m_2}\cdot c_3(\alpha)^{m_3}\cdot\cdots\cdot c_{\mu-1}(\alpha)^{m_{\mu-1}} \\
&= c_1(\alpha)^{n_1}\cdot c_2(\alpha)^{n_2}\cdot c_3(\alpha)^{n_3}\cdot\cdots\cdot c_{\mu-1}(\alpha)^{n_{\mu-1}}
\end{aligned}
$$

が成立しているとして，両辺を右辺で割ると，

$$
m_1-n_1=x_1,\ m_2-n_2=x_2,\cdots,m_{\mu-1}-n_{\mu-1}=x_{\mu-1}
$$

と置くとき，等式

$$
c_1(\alpha)^{x_1}\cdot c_2(\alpha)^{x_2}\cdot\cdots\cdot c_{\mu-1}(\alpha)^{x_{\mu-1}}=1
$$

が生じます．この等式において α を順次 $\alpha^{\gamma},\alpha^{\gamma^2},\cdots,\alpha^{\gamma^{\mu-1}}$ に変えると，同様にして，$\mu-1$ 個の等式

$$
\begin{aligned}
& c_1(\alpha^{\gamma})^{x_1}\cdot c_2(\alpha^{\gamma})^{x_2}\cdot\cdots\cdot c_{\mu-1}(\alpha^{\gamma})^{x_{\mu-1}}=1 \\
& c_1(\alpha^{\gamma^2})^{x_1}\cdot c_2(\alpha^{\gamma^2})^{x_2}\cdot\cdots\cdot c_{\mu-1}(\alpha^{\gamma^2})^{x_{\mu-1}}=1 \\
& \cdots\cdots \\
& c_1(\alpha^{\gamma^{\mu-1}})^{x_1}\cdot c_2(\alpha^{\gamma^{\mu-1}})^{x_2}\cdot\cdots\cdot c_{\mu-1}(\alpha^{\gamma^{\mu-1}})^{x_{\mu-1}}=1
\end{aligned}
$$

が得られます．そこで対数をとると，

$$
\begin{aligned}
& x_1\log c_1(\alpha)+x_2\log c_2(\alpha)+\cdots+x_{\mu-1}\log c_{\mu-1}(\alpha)=0 \\
& x_1\log c_1(\alpha^{\gamma})+x_2\log c_2(\alpha^{\gamma})+\cdots+x_{\mu-1}\log c_{\mu-1}(\alpha^{\gamma})=0 \\
& \cdots\cdots \\
& x_1\log c_1(\alpha^{\gamma^{\mu-1}})+x_2\log c_2(\alpha^{\gamma^{\mu-1}})+\cdots+x_{\mu-1}\log c_{\mu-1}(\alpha^{\gamma^{\mu-1}})=0.
\end{aligned}
$$

これを $\mu-1$ 個の未知数 $x_1,x_2,\cdots,x_{\mu-1}$ に関する連立1次方程式と見ると，方程式の個数は全部で μ 個で，文字の個数よりひと

つ多くなっています．ですが，これらの μ 個の方程式は独立ではないことに，クンマーは注意を喚起しています．

実際，$c_k(\alpha)$ は単数ですから，そのノルムは 1 になります．γ は法 λ に対する原始根ですから，α の共役数を全部書き並べると，

$$\alpha, \alpha^{\gamma}, \alpha^{\gamma^2}, \cdots, \alpha^{\gamma^{\mu-1}}, \alpha^{\gamma^{\mu}}, \alpha^{\gamma^{\mu+1}}, \cdots, \alpha^{\gamma^{2\mu-1}}$$

となります．全部で 2μ 個です．それゆえ，$c_k(\alpha)$ のすべての共役数の積を作って 1 と等値すると，等式

$$\begin{aligned} & c_k(\alpha)\cdot c_k(\alpha^{\gamma})\cdot c_k(\alpha^{\gamma^2})\cdot\cdots\cdot c_k(\alpha^{\gamma^{\mu-2}})\cdot c_k(\alpha^{\gamma^{\mu-1}}) \\ & \quad \times c_k(\alpha^{\gamma^{\mu}})\cdot c_k(\alpha^{\gamma^{\mu+1}})\cdots c_k(\alpha^{\gamma^{2\mu-1}})=1 \end{aligned}$$

が得られます．ところが，γ は法 λ に対する原始根ですから，合同式 $\gamma^{\mu}\equiv -1 \pmod{\lambda}$ が成立します．したがって，

$$\alpha^{\gamma^{\mu}}=\alpha^{-1}, \alpha^{\gamma^{\mu+1}}=\alpha^{-\gamma}, \cdots, \alpha^{\gamma^{2\mu-1}}=\alpha^{-\gamma^{\mu-1}}$$

となります．ここで $c_k(\alpha)$ は $\alpha+\alpha^{-1}, \alpha^2+\alpha^{-2}, \cdots, \alpha^{\mu}+\alpha^{-\mu}$ を用いて作られていることを想起すると，

$$c_k(\alpha^{-1})=c_k(\alpha), c_k(\alpha^{-\gamma})=c_k(\alpha^{\gamma}), \cdots, c_k(\alpha^{-\gamma^{\mu-1}})=c_k(\alpha^{\gamma^{\mu-1}})$$

となることがわかります．これより，

$$\begin{aligned} & c_k(\alpha)\cdot c_k(\alpha^{\gamma})\cdot c_k(\alpha^{\gamma^2})\cdots c_k(\alpha^{\gamma^{\mu-2}})\cdot c_k(\alpha^{\gamma^{\mu-1}}) \\ & \quad \times c_k(\alpha^{\gamma^{\mu}})\cdot c_k(\alpha^{\gamma^{\mu+1}})\cdots c_k(\alpha^{\gamma^{2\mu-1}}) \\ & =(c_k(\alpha)\cdot c_k(\alpha^{\gamma})\cdot c_k(\alpha^{\gamma^2})\cdots c_k(\alpha^{\gamma^{\mu-2}})\cdot c_k(\alpha^{\gamma^{\mu-1}}))^2 \\ & =1. \end{aligned}$$

それゆえ，等式

$$c_k(\alpha)\cdot c_k(\alpha^{\gamma})\cdot c_k(\alpha^{\gamma^2})\cdots c_k(\alpha^{\gamma^{\mu-2}})\cdot c_k(\alpha^{\gamma^{\mu-1}})=1$$

が得られます．対数をとると，

$$\begin{aligned} & \log c_k(\alpha)+\log c_k(\alpha^{\gamma})+\log c_k(\alpha^{\gamma^2})+\cdots+\log c_k(\alpha^{\gamma^{\mu-2}}) \\ & \quad +\log c_k(\alpha^{\gamma^{\mu-1}})=0 \quad (k=1, 2, \cdots, \mu-1). \end{aligned}$$

これを用いると，上記の μ 個の方程式のうちのひとつ，たとえ

ば一番最後の方程式は，残る $\mu-1$ 個の方程式から帰結します．具体的に計算を進めると，

$$\log c_k(\alpha^{\gamma^{\mu-1}})=-\log c_k(\alpha)-\log c_k(\alpha^{\gamma})-\log c_k(\alpha^{\gamma^2})-\cdots$$
$$\cdots-\log c_k(\alpha^{\gamma^{\mu-2}})\ (k=1,2,\cdots,\mu-1).$$

これを代入すると，

$$(x_1\log c_1(\alpha^{\gamma^{\mu-1}})+x_2\log c_2(\alpha^{\gamma^{\mu-1}})+\cdots+x_{\mu-1}\log c_{\mu-1}(\alpha^{\gamma^{\mu-1}}))$$
$$=-x_1(\log c_1(\alpha)+\log c_1(\alpha^{\gamma})+\log c_1(\alpha^{\gamma^2})+\cdots+\log c_1(\alpha^{\gamma^{\mu-2}}))$$
$$-x_2(\log c_2(\alpha)+\log c_2(\alpha^{\gamma})+\log c_2(\alpha^{\gamma^2})+\cdots+\log c_2(\alpha^{\gamma^{\mu-2}}))-\cdots$$
$$\cdots-x_{\mu-1}(\log c_{\mu-1}(\alpha)+\log c_{\mu-1}(\alpha^{\gamma})$$
$$+\log c_{\mu-1}(\alpha^{\gamma^2})+\cdots+\log c_{\mu-1}(\alpha^{\gamma^{\mu-2}}))$$
$$=-(x_1\log c_1(\alpha)+x_2\log c_2(\alpha)+\cdots+x_{\mu-1}\log c_{\mu-1}(\alpha))$$
$$-(x_1\log c_1(\alpha^{\gamma})+x_2\log c_2(\alpha^{\gamma})+\cdots+x_{\mu-1}\log c_{\mu-1}(\alpha^{\gamma}))$$
$$\cdots\cdots$$
$$-(x_1\log c_1(\alpha^{u-2})+x_2\log c_2(\alpha^{u-2})+\cdots+x_{\mu-1}\log c_{\mu-1}(\alpha^{\gamma^{u-2}})).$$

これで確かめられました．

単数系の独立性の判定の証明に立ち返ると，$\mu-1$ 個の数値 $x_1,x_2,\cdots,x_{\mu-1}$ を決定する連立１次方程式は個数がひとつ減少して次のようになります．

$$x_1\log c_1(\alpha)+x_2\log c_2(\alpha)+\cdots+x_{\mu-1}\log c_{\mu-1}(\alpha)=0$$
$$x_1\log c_1(\alpha^{\gamma})+x_2\log c_2(\alpha^{\gamma})+\cdots+x_{\mu-1}\log c_{\mu-1}(\alpha^{\gamma})=0$$
$$\cdots\cdots$$
$$x_1\log c_1(\alpha^{\gamma^{\mu-2}})+x_2\log c_2(\alpha^{\gamma^{\mu-2}})+\cdots+x_{\mu-1}\log c_{\mu-1}(\alpha^{\gamma^{\mu-2}})=0.$$

単数系 $c_1(\alpha),c_2(\alpha),c_3(\alpha),\cdots,c_{\mu-1}(\alpha)$ は独立系ですから，この連立１次方程式は唯一の解 $x_1=0,x_2=0,\cdots,x_{\mu-1}=0$ をもつほかはありません．これで係数行列 F の行列式 D は 0 ではないことが明らかになりました．

クンマーの単数

奇数の λ に対して $\mu=\dfrac{\lambda-1}{2}$ と置き，$\mu-1=\dfrac{\lambda-3}{2}$ 個の単数の独立系と，次数 $\mu-1$ の正方行列Fを考えました．次数を $\mu-1$ とした理由はまだわかりませんが，その前に，はたして独立系は本当に存在するのかという問題があります．クンマーは

$$c(\alpha)=\sqrt{\frac{(1-\alpha^{\gamma})(1-\alpha^{-\gamma})}{(1-\alpha)(1-\alpha^{-1})}}$$

という形の単数を提示して，$\mu-1$ 個の単数

$$c(\alpha), c(\alpha^{\gamma}), c(\alpha^{\gamma^2}), \cdots, c(\alpha^{\gamma^{\mu-2}})$$

を書き並べました．これらが独立系を構成していることを示そうというのがクンマーのねらいです．

クンマーがここで提示した単数を**クンマーの単数**と呼ぶことにします．これを表示する式の形を観察すると，

$$c(\alpha)=\sqrt{\frac{2-(\alpha^{\gamma}+\alpha^{-\gamma})}{2-(\alpha+\alpha^{-1})}}$$

となり，$\alpha+\alpha^{-1}$ と $\alpha^{\gamma}+\alpha^{-\gamma}$ を用いて組立てられていることがわかります．これにより，一系の等式

$$c(\alpha)=c(\alpha^{-1}), c(\alpha^{\gamma})=c(\alpha^{-\gamma}),$$
$$c(\alpha^{\gamma^2})=c(\alpha^{-\gamma^2}), \cdots, c(\alpha^{\gamma^{\mu-1}})=c(\alpha^{-\gamma^{\mu-1}})$$

が成立することもわかります．また，

$$\sqrt{\frac{(1-\alpha^{\gamma})(1-\alpha^{-\gamma})}{(1-\alpha)(1-\alpha^{-1})}}=\sqrt{\frac{1}{\alpha^{\gamma-1}}\frac{(1-\alpha^{\gamma})^2}{(1-\alpha)^2}}$$
$$=\pm\alpha^{-\frac{\gamma-1}{2}}\frac{1-\alpha^{\gamma}}{1-\alpha}\ \left(\frac{1}{\alpha^{\gamma-1}}\frac{(1-\alpha^{\gamma})^2}{(1-\alpha)^2}\text{ の平方根}\right)$$

というふうにも変形が進みます．ここで，$\alpha^{-1}=\alpha^{\lambda-1}$ に留意すると，

$$c(\alpha)=\pm\frac{\alpha^{\frac{(\lambda-1)(\gamma-1)}{2}}(1-\alpha^{\gamma})}{1-\alpha}$$

という表示に到達し，クンマーの単数は単純単数と単数 $\dfrac{1-\alpha^{\gamma}}{1-\alpha}$ との積であることが諒解されます．

単数の独立系の構成

クンマーはクンマーの単数を用いて $\mu-1$ 個の単数

$$c(\alpha), c(\alpha^{\gamma}), c(\alpha^{\gamma^2}), \cdots, c(\alpha^{\gamma^{\mu-2}})$$

を作りました．この単数系に対応する行列 F は次のようになります．

$$\mathrm{F}=\begin{pmatrix} \log c(\alpha) & \log c(\alpha^{\gamma}) & \log c(\alpha^{\gamma^2}) & \cdots & \log c(\alpha^{\gamma^{\mu-2}}) \\ \log c(\alpha^{\gamma}) & \log c(\alpha^{\gamma^2}) & \log c(\alpha^{\gamma^3}) & \cdots & \log c(\alpha^{\gamma^{\mu-1}}) \\ \vdots & \vdots & \vdots & \cdots & \vdots \\ \log c(\alpha^{\gamma^{\mu-2}}) & \log c(\alpha^{\gamma^{\mu-1}}) & \log c(\alpha^{\gamma^{\mu}}) & \cdots & \log c(\alpha^{\gamma^{2\mu-4}}) \end{pmatrix}$$

ここで，この行列の右下隅の数は，$\gamma^{\mu}\equiv-1\ (\mathrm{mod.}\,\lambda)$ により，

$$\log c(\alpha^{2\mu-4})=\log c(\alpha^{\gamma^{\mu}\cdot\gamma^{\mu-4}})=\log c(\alpha^{-\gamma^{\mu-4}})=\log c(\alpha^{\gamma^{\mu-4}})$$

となります．こんなふうにして行列 F の成分の表示に現れる γ の冪指数はどれもみな $0, 1, 2, \cdots, \mu-1$ のいずれかに還元されて，F は

$$\mathrm{F}=\begin{pmatrix} \log c(\alpha) & \log c(\alpha^{\gamma}) & \log c(\alpha^{\gamma^2}) & \cdots & \log c(\alpha^{\gamma^{\mu-2}}) \\ \log c(\alpha^{\gamma}) & \log c(\alpha^{\gamma^2}) & \log c(\alpha^{\gamma^3}) & \cdots & \log c(\alpha^{\gamma^{\mu-1}}) \\ \vdots & \vdots & \vdots & \cdots & \vdots \\ \log c(\alpha^{\gamma^{\mu-2}}) & \log c(\alpha^{\gamma^{\mu-1}}) & \log c(\alpha^{\gamma^{\mu}}) & \cdots & \log c(\alpha^{\gamma^{\mu-4}}) \end{pmatrix}$$

と表示されます．

この行列の行列式 D が 0 と異なることを示すのが当面の目標ですが，クンマーは行列式というものの淵源に立ち返り，1 次方程式系

$$x\log c(\alpha)+x_1\log c(\alpha^{\gamma})+\cdots+x_{\mu-2}\log c(\alpha^{\gamma^{\mu-2}})=A$$

$$x\log c(\alpha^{\gamma})+x_1\log c(\alpha^{\gamma^2})+\cdots+x_{\mu-2}\log c(\alpha^{\gamma^{\mu-1}})=A_1$$

$$\cdots\cdots\cdots\cdots\cdots$$

$$x\log c(\alpha^{\gamma^{\mu-2}})+x_1\log c(\alpha^{\gamma^{\mu-1}})+\cdots+x_{\mu-2}\log c(\alpha^{\gamma^{\mu-4}})=A_{\mu-2}$$

を書きました．そのうえでもうひとつ，等式

$$A+A_1+\cdots+A_{\mu-2}=-A_{\mu-1}$$

を付け加えています．

前節で，等式

$$\log c_k(\alpha)+\log c_k(\alpha^{\gamma})+\log c_k(\alpha^{\gamma^2})+\cdots$$
$$\cdots+\log c_k(\alpha^{\gamma^{\mu-2}})+\log c_k(\alpha^{\gamma^{\mu-1}})=0 \quad (k=1,2,\cdots,\mu-1)$$

を確認しましたが，これに対応する等式は，ここでは

$$\log c(\alpha)+\log c(\alpha^{\gamma})+\log c(\alpha^{\gamma^2})+\cdots+\log c(\alpha^{\gamma^{\mu-2}})+\log c(\alpha^{\gamma^{\mu-1}})=0$$

$$\log c(\alpha^{\gamma})+\log c(\alpha^{\gamma^2})+\log c(\alpha^{\gamma^3})+\cdots+\log c(\alpha^{\gamma^{\mu-1}})+\log c(\alpha^{\gamma^{\mu}})=0$$

（ここで，$c(\alpha^{\gamma^{\mu}})=c(\alpha^{-1})=c(\alpha)$）

$$\log c(\alpha^{\gamma^2})+\log c(\alpha^{\gamma^3})+\log c(\alpha^{\gamma^4})+\cdots+\log c(\alpha^{\gamma^{\mu}})+\log c(\alpha^{\gamma^{\mu+1}})=0$$

（ここで，$c(\alpha^{\gamma^{\mu+1}})=c(\alpha^{-\gamma})=c(\alpha^{\gamma})$）

……

$$\log c(\alpha^{\gamma^{\mu-2}})+\log c(\alpha^{\gamma^{\mu-1}})+\log c(\alpha^{\gamma^{\mu}})+\cdots+\log c(\alpha^{2\mu-4})+\log c(\alpha^{\gamma^{2\mu-3}})=0$$

（ここで，$c(\alpha^{\gamma^{2\mu-4}})=c(\alpha^{-\gamma^{\mu-4}})=c(\alpha^{\gamma^{\mu-4}})$,

$c(\alpha^{\gamma^{2\mu-3}})=c(\alpha^{-\gamma^{\mu-3}})=c(\alpha^{\gamma^{\mu-3}})$）

$$\log c(\alpha^{\gamma^{\mu-1}})+\log c(\alpha^{\gamma\mu})+\log c(\alpha^{\gamma\mu})+\cdots+\log c(\alpha^{\gamma^{2\mu-5}})+\log c(\alpha^{\gamma^{2\mu-4}})=0$$

（ここで，$c(\alpha^{\gamma^{2\mu-5}})=c(\alpha^{-\gamma^{\mu-5}})=c(\alpha^{\gamma^{\mu-5}})$,

$c(\alpha^{\gamma^{2\mu-4}})=c(\alpha^{-\gamma^{\mu-4}})=c(\alpha^{\gamma^{\mu-4}})$）

という形になります．これらの等式を踏まえて，上記の 1 次方程式系を加えると，x の係数は

$$\log c(\alpha)+\log c(\alpha^{\gamma})+\cdots+\log c(\alpha^{\gamma^{\mu-2}})=-\log c(\alpha^{\gamma^{\mu-1}}),$$

x_1 の係数は

$$\log c(\alpha^{\gamma})+\log c(\alpha^{\gamma^2})+\cdots+\log c(\alpha^{\gamma^{\mu-1}})=-\log c(\alpha),$$

……

$x_{\mu-2}$ の係数は

$$\log c(\alpha^{\gamma^{\mu-2}})+\log c(\alpha^{\gamma^{\mu-1}})+\cdots+\log c(\alpha^{\gamma^{\mu-4}})=-\log c(\alpha^{\gamma^{\mu-3}})$$

となることがわかります．これで等式

$$-x\log c(\alpha^{\gamma^{\mu-1}})-x_1c(\alpha)-\cdots-x_{\mu-2}c(\alpha^{\gamma^{\mu-3}})$$
$$=\mathrm{A}+\mathrm{A}_1+\mathrm{A}_2+\cdots+\mathrm{A}_{\mu-2}=-A_{\mu-1}$$

すなわち，

$$x\log c(\alpha^{\gamma^{\mu-1}})+x_1\log c(\alpha)+\cdots+x_{\mu-2}\log c(\alpha^{\gamma^{\mu-3}})=A_{\mu-1}$$

が得られます．これで μ 個の 1 次方程式ができました．

行列式 D の表示式を求める

μ 個の 1 次方程式を再現すると次のとおりです．

$$x\log c(\alpha)+x_1\log c(\alpha^{\gamma})+\cdots+x_{\mu-2}\log(\alpha^{\gamma^{\mu-2}})=\mathrm{A}$$
$$x\log c(\alpha^{\gamma})+x_1\log c(\alpha^{\gamma^2})+\cdots+x_{\mu-2}\log(\alpha^{\gamma^{\mu-1}})=\mathrm{A}_1$$

……

$$x\log c(\alpha^{\gamma^{\mu-2}})+x_1\log c(\alpha^{\gamma^{\mu-1}})+\cdots+x_{\mu-2}\log(\alpha^{\gamma^{\mu-4}})=\mathrm{A}_{\mu-2}$$
$$x\log c(\alpha^{\gamma^{\mu-1}})+x_1\log c(\alpha)+\cdots+x_{\mu-2}\log c(\alpha^{\gamma^{\mu-3}})=\mathrm{A}_{\mu-1}$$

これらの μ 個の 1 次方程式にそれぞれ $1,\beta^{2k},\beta^{4k},\cdots\beta^{2(\mu-1)k}$ を乗じて，それらの総和

$$A+\beta^{2k}A_1+\beta^{4k}A_2+\cdots+\beta^{2(\mu-1)k}A_{\mu-1}$$

を作ります．ここで β は方程式

$$\beta^{\lambda-1}=1$$

の原始根，言い換えると「$\lambda-1$ 乗してはじめて 1 になる数」です．

この総和において，

x の係数は

$$\mathrm{L}(\beta^{2k})=\log c(\alpha)+\beta^{2k}\log c(\alpha^{\gamma})$$
$$+\beta^{4k}\log c(\alpha^{\gamma^2})+\cdots+\beta^{2(\mu-1)k}\log c(\alpha^{\gamma^{\mu-1}}).$$

x_1 の係数は

$$\log c(\alpha^{\gamma})+\beta^{2k}\log c(\alpha^{\gamma^2})+\beta^{4k}\log c(\alpha^{\gamma^3})+\cdots+\beta^{2(\mu-1)k}\log c(\alpha)$$
$$=\beta^{-2k}(\beta^{2k}\log c(\alpha^{\gamma})+\beta^{4k}\log c(\alpha^{\gamma^2})$$
$$+\beta^{6k}\log c(\alpha^{\gamma^3})+\cdots+\beta^{2\mu k}\log c(\alpha))$$

となりますが，$\beta^{2\mu k}=\beta^{(\lambda-1)k}=1$ に留意すると，x_1 の係数は

$$\beta^{-2k}(\beta^{2k}\log c(\alpha^{\gamma})+\beta^{4k}\log c(\alpha^{\gamma^2})+\beta^{6k}\log c(\alpha^{\gamma^3})+\cdots+\log c(\alpha))$$
$$=\beta^{-2k}\mathrm{L}(\beta^{2k})$$

と表示されます．同様に計算を続けると，$x_2,\cdots,x_{\mu-2}$ の係数はそれぞれ

$$\beta^{-4k}\mathrm{L}(\beta^{2k}),\cdots,\beta^{-2(\mu-2)k}\mathrm{L}(\beta^{2k})$$

となることがわかります．このようにして等式

$$(x+\beta^{-2k}x_1+\beta^{-4k}x_2+\cdots+\beta^{-2(\mu-2)k}x_{\mu-2})\times\mathrm{L}(\beta^{2k})$$
$$=A+\beta^{2k}A_1+\beta^{4k}A_2+\cdots+\beta^{2(\mu-1)k}A_{\mu-1}$$

が手に入ります．そこで

$$A+\beta^{2k}A_1+\beta^{4k}A_2+\cdots+\beta^{2(\mu-1)k}A_{\mu-1}=\psi(\beta^{2k})$$

と置くと，

$$x+\beta^{-2k}x_1+\beta^{-4k}x_2+\cdots+\beta^{-2(\mu-2)k}x_{\mu-2}=\frac{\psi(\beta^{2k})}{\mathrm{L}(\beta^{2k})}$$

となります．

この等式の両辺に次々と $\beta^{2kh}-\beta^{-2k}$ $(k=1,2,3,\cdots,\mu-1)$ を乗じ，そののちにそれらの積の総和を作ると，

$$\mu x_h=\frac{(\beta^{2h}-\beta^{-2})\psi(\beta^2)}{\mathrm{L}(\beta^2)}+\frac{(\beta^{4h}-\beta^{-4})\psi(\beta^4)}{\mathrm{L}(\beta^4)}+\cdots$$
$$+\frac{[\beta^{2(\mu-1)h}-\beta^{-2(\mu-1)}]\psi[\beta^{2(\mu-1)}]}{\mathrm{L}(\beta^{2(\mu-1)})}$$

という等式が生じると，クンマーは明記しています．添え字 h は1から $\mu-2$ までにわたりますが，x_0 は x のことと諒解することにすると，上記の等式は $h=0$ から $h=\mu-2$ にいたるすべての h に対して成立します．

計算を実行すると

クンマーは連立1次方程式を解いているのですが，クンマーの指示に沿って解法を実行してみます．$h=0$ に対応する解，すなわち x を求めるには，$\mu-1$ 個の等式

$$x+\beta^{-2k}x_1+\beta^{-4k}x_2+\cdots+\beta^{-2(\mu-2)k}x_{\mu-2}=\frac{\psi(\beta^{2k})}{\mathrm{L}(\beta^{2k})}\ (k=1,2,\cdots,\mu-1)$$

の各々に順次 $1-\beta^{-2k}$ を乗じて，等式

$$\begin{aligned}&(1-\beta^{-2k})x+\beta^{-2k}(1-\beta^{-2k})x_1+\beta^{-4k}(1-\beta^{-2k})x_2+\cdots\\&\quad\cdots+\beta^{-2(\mu-2)k}(1-\beta^{-2k})x_{\mu-2}\\&=(1-\beta^{-2k})\frac{\psi(\beta^{2k})}{\mathrm{L}(\beta^{2k})}\ \ (k=1,2,\cdots,\mu-1)\end{aligned}$$

を作ります．これらをすべて加えて x の係数を集めると，$\beta^{2\mu}=\beta^{\lambda-1}=1$ により計算が進み，

$$\begin{aligned}&(1-\beta^{-2})+(1-\beta^{-4})+\cdots+(1-\beta^{-2(\mu-1)})\\&=\mu-1-(\beta^{-2}+\beta^{-4}+\cdots+\beta^{-2(\mu-1)})\\&=\mu-1-\frac{\beta^{-2}(1-\beta^{-2(\mu-1)})}{1-\beta^{-2}}\\&=\mu-1-\frac{\beta^{-2}(1-\beta^{2})}{1-\beta^{-2}}\\&=\mu-1-\frac{\beta^{-2}-1}{1-\beta^{-2}}\\&=\mu-1+1\\&=\mu\end{aligned}$$

と，数値 μ が算出されます．これが x の係数です．

他の $x_i\,(i=1,2,\cdots,\mu-1)$ について，x_i の係数を集めると，

$$\begin{aligned}
&\beta^{-2i}(1-\beta^{-2})+\cdots+\beta^{-2i(\mu-1)}(1-\beta^{-2(\mu-1)})\\
&=\beta^{-2i}+\cdots+\beta^{-2i(\mu-1)}-(\beta^{-2(i+1)}+\cdots+\beta^{-2(i+1)(\mu-1)})\\
&=\frac{\beta^{-2i}-\beta^{-2i\mu}}{1-\beta^{-2i}}-\frac{\beta^{-2(i+1)}-\beta^{-2(i+1)\mu}}{1-\beta^{-2(i+1)}}\\
&=\frac{\beta^{-2i}-1}{1-\beta^{-2i}}-\frac{\beta^{-2(i+1)}-1}{1-\beta^{-2(i+1)}}\\
&=-1-(-1)\\
&=0
\end{aligned}$$

となり，クンマーの言葉のとおりになります．このような計算を重ねていくことにより，連立1次方程式の解としてクンマーが書き留めた表示式が確認されます．

解の表示式を観察して

連立1次方程式の解の表示式を観察すると，

$$\mathrm{L}(\beta^2)\mathrm{L}(\beta^4)\cdots\mathrm{L}(\beta^{2\mu-2})$$

という共通の分母が目に留まりますが，この分母は求める行列式Dを与えています．因子を調節し，クンマーは

$$\mathrm{D}=\frac{\mathrm{L}(\beta^2)\mathrm{L}(\beta^4)\cdots\mathrm{L}(\beta^{2\mu-2})}{\mu}$$

という表示式を書きました．こうしてクンマーの単数により供給される単数系

$$c(\alpha),c(\alpha^{\gamma}),\cdots,c(\alpha^{\gamma^{\mu-2}})$$

の独立性の証明は，$k=1,2,3,\cdots,\mu-1$ に対応する $\mu-1$ 個の表示式

$$\begin{aligned}L(\beta^{2k})=\log c(\alpha)+\beta^{2k}\log c(\alpha^{\gamma})\\+\beta^{4k}\log c(\alpha^{\gamma^2})+\cdots+\beta^{2(\mu-1)}\log c(\alpha^{\gamma^{\mu-1}})\end{aligned}$$

がどれもみな0ではないことを示すことに帰着されました．

ここまで論証を進めたうえで，クンマーは最後の詰めをディ

リクレの論文に託しました．それは

「初項と項差が共通因子をもたないどのようなアリトメチカ的無限数列も無数の素数を含むという定理の証明」

という論文で，1837 年の『プロイセン科学アカデミー論文集』(数学論文集部門，45–71 頁) に掲載されました．表題に見られるアリトメチカ的数列というのは等差数列あるいは算術級数と呼ばれる数列のことで，この論文でディリクレが証明した命題は「ディリクレの算術級数定理」として知られています．

第5章
独立単数の基本系

独立単数系により任意の複素単数を表示する

クンマーの単数を素材にして単数の独立系の一例を示したのちに，クンマーは再び一般の単数系の考察に手をもどしました．一般に $\mu-1$ 個の単数の作る系

$$c_1(\alpha), c_2(\alpha), c_3(\alpha), \cdots, c_{\mu-1}(\alpha)$$

を考えることにして，この系はつねに独立であるものとします．すると，独立単数系というものの性質により，

$$c_1(\alpha)^{m_1} \cdot c_2(\alpha)^{m_2} \cdot c_3(\alpha)^{m_3} \cdots \cdot c_{\mu-1}(\alpha)^{m_{\mu-1}}$$

という形の単数を作ると，これらはすべて互いに異なっています．ここで，$m_1, m_2, \cdots, m_{\mu-1}$ は正負の整数を表しています．この形の単数に単純単数 $\pm\alpha^h$ を乗じたものもまた単数ですが，そのようにして得られる単数はありとあらゆる単数をことごとくみな汲み尽くしているかというと，そういうわけではありません．クンマーはこの点を不備と見て，これを補うために，$m_1, m_2, \cdots, m_{\mu-1}$ を整数とする制限を解除する方向に向いました．

ある任意の単数が提示されたとして，それを独立単数系により表示することを考えてみます．提示された単数に乗じられている単純単数をすべて除去すると，単純単数が乗じられていな

い単数が現れますが，それを $\mathrm{E}(\alpha)$ として，

$$\mathrm{E}(\alpha)=c_1(\alpha)^{x_1}\cdot c_2(\alpha)^{x_2}\cdot c_3(\alpha)^{x_3}\cdots c_{\mu-1}(\alpha)^{x_{\mu-1}}$$

という形に表示することを考えます．ここで，冪指数 $x_1, x_2, \cdots, x_{\mu-1}$ は整数とは限らず，任意の実数を表しています．もしこのような表示が実現したなら，この形の単数に単純単数を乗じることによりあらゆる単数が表示されることになり，単数の独立系というものの意味合いも諒解されます．そこにクンマーのねらいがありました．

冪指数 $x_1, x_2, \cdots, x_{\mu-1}$ を整数に限定しないことにするのであれば，このような表示はつねに可能です．これを確認するためにこの等式の両辺の対数をとり，そのうえで α を次々と $\alpha^{\gamma}, \alpha^{\gamma^2}, \cdots, \alpha^{\gamma^{\mu-1}}$ にとりかえていくと，連立１次方程式系

$$x_1\log c_1(\alpha)+x_2\log c_2(\alpha)+\cdots+x_{\mu-1}\log c_{\mu-1}(\alpha)=\log\mathrm{E}(\alpha)$$

$$x_1\log c_1(\alpha^{\gamma})+x_2\log c_2(\alpha^{\gamma})+\cdots+x_{\mu-1}\log c_{\mu-1}(\alpha^{\gamma})=\log\mathrm{E}(\alpha^{\gamma})$$

……

$$x_1\log c_1(\alpha^{\gamma^{\mu-1}})+x_2\log c_2(\alpha^{\gamma^{\mu-1}})+\cdots+x_{\mu-1}\log c_{\mu-1}(\alpha^{\gamma^{\mu-1}})=\log\mathrm{E}(\alpha^{\gamma^{\mu-1}})$$

が得られます．冪指数 $x_1, x_2, \cdots, x_{\mu-1}$ を未知数とみなして連立１次方程式を作り，解けるか否かを問うという姿勢が示されました．未知数の個数が $\mu-1$ 個であるのに対し，方程式の個数は μ 個で，方程式の個数がひとつ超過していますが，これらの方程式は独立ではなく，どれかひとつ，たとえば一番最後の方程式は他の $\mu-1$ 個の方程式を用いて構成されます（このことについては前章で確認したとおりです）．そこでこれを除外すると，未知数と方程式の個数がともに $\mu-1$ 個の連立１次方程式が現れて，しかもその係数行列の行列式は０ではありません．なぜなら，ここで考えている単数系は独立系だからです．したがってこの連立１次方程式は解くことができて，$x_1, x_2, \cdots, x_{\mu-1}$ の値が確定します．これに加えて，それらの数値が根 α の選択に依存

することもありません．というのは，連立1次方程式系において α を他の根 $\alpha^{\gamma}, \alpha^{\gamma^2}, \cdots$ のいずれかに取り換えても，方程式系が変化することはないからです．これで次のことが明らかになりました．

あらゆる複素単数は，$\mu-1$ 個の独立単数の冪と単純単数 $\pm\alpha^h$ を組合わせることにより表示される．ただし，独立単数の冪を作る際に，冪指数として任意の実数値を採用してもよいことにする．

独立単数系による複素単数の表示式の観察

独立単数系 $c_1(\alpha), c_2(\alpha), c_3(\alpha), \cdots, c_{\mu-1}(\alpha)$ の冪の積による表示式

$$\mathrm{E}(\alpha) = c_1(\alpha)^{x_1} \cdot c_2(\alpha)^{x_2} \cdot c_3(\alpha)^{x_3} \cdots c_{\mu-1}(\alpha)^{x_{\mu-1}}$$

において，冪指数 $x_1, x_2, x_3, \cdots, x_{\mu-1}$ のそれぞれについて，そこに含まれる最大の整数を分離して，

$$x_1 = m_1 + \delta_1, x_2 = m_2 + \delta_2, \cdots, x_{\mu-1} = m_{\mu-1} + \delta_{\mu-1}$$

とします．ここで，$\delta_1, \delta_2, \cdots, \delta_{\mu-1}$ は0と1の間にはさまれている数値です(0になることはありますが，1になることはありません)．このようにすると，$\mathrm{E}(\alpha)$ の表示式は

$$\mathrm{E}(\alpha) = c_1(\alpha)^{m_1} \cdot c_2(\alpha)^{m_2} \cdots c_{\mu-1}(\alpha)^{m_{\mu-1}} \cdot c_1(\alpha)^{\delta_1} \cdot c_2(\alpha)^{\delta_2} \cdots c_{\mu-1}(\alpha)^{\delta_{\mu-1}}$$

という形になります．この表示式は二つの因子で作られていますが，第2の因子を $\mathrm{F}(\alpha)$ と表記して，

$$\mathrm{F}(\alpha) = c_1(\alpha)^{\delta_1} \cdot c_2(\alpha)^{\delta_2} \cdots c_{\mu-1}(\alpha)^{\delta_{\mu-1}}$$

とします．$\mathrm{F}(\alpha)$ もまた $\mathrm{E}(\alpha)$ と同じく単純単数が乗じられていな

い複素単数ですから，複素単数というものの一般形により，

$$F(\alpha)=a(\alpha+\alpha^{-1})+a_1(\alpha^{\gamma}+\alpha^{-\gamma})+\cdots+a_{\mu-1}(\alpha^{\gamma^{\mu-1}}+\alpha^{-\gamma^{\mu-1}})$$

という形に表示されます．ここで α を次々と $\alpha^{\gamma},\alpha^{\gamma^2},\cdots,\alpha^{\gamma^{\mu-1}}$ に置き換えていくと，

$$F(\alpha^{\gamma})=a(\alpha^{\gamma}+\alpha^{-\gamma})+a_1(\alpha^{\gamma^2}+\alpha^{-\gamma^2})+\cdots+a_{\mu-1}(\alpha+\alpha^{-1})$$

$$F(\alpha^{\gamma^2})=a(\alpha^{\gamma^2}+\alpha^{-\gamma^2})+a_1(\alpha^{\gamma^3}+\alpha^{-\gamma^3})+\cdots+a_{\mu-1}(\alpha^{\gamma}+\alpha^{-\gamma})$$

……

$$F(\alpha^{\gamma^{\mu-1}})=a(\alpha^{\gamma^{\mu-1}}+\alpha^{-\gamma^{\mu-1}})+a_1(\alpha+\alpha^{-1})+\cdots+a_{\mu-1}(\alpha^{\gamma^{\mu-2}}+\alpha^{-\gamma^{\mu-2}})$$

という表示式が導かれます．そこで，これを係数 $a,a_1,a_2,\cdots,a_{\mu-1}$ に関する連立１次方程式と見て，これらの係数の数値を求めると，次の等式が得られます．

$$-\lambda a=(2-\alpha-\alpha^{-1})F(\alpha)$$
$$+(2-\alpha^{\gamma}-\alpha^{-\gamma})F(\alpha^{\gamma})+\cdots+(2-\alpha^{\gamma^{\mu-1}}-\alpha^{-\gamma^{\mu-1}})F(\alpha^{\gamma^{\mu-1}})$$

$$-\lambda a_1=(2-\alpha^{\gamma}-\alpha^{-\gamma})F(\alpha)+(2-\alpha^{\gamma^2}-\alpha^{-\gamma^2})F(\alpha^{\gamma})+\cdots$$
$$+(2-\alpha-\alpha^{-1})F(\alpha^{\gamma^{\mu-1}})$$

……

$$-\lambda a_{\mu-1}=(2-\alpha^{\gamma^{\mu-1}}-\alpha^{-\gamma^{\mu-1}})F(\alpha)+(2-\alpha-\alpha^{-1})F(\alpha^{\gamma})+\cdots$$
$$\cdots+(2-\alpha^{\gamma^{\mu-2}}-\alpha^{-\gamma^{\mu-2}})F(\alpha^{\gamma^{\mu-1}})$$

試みに１番はじめの等式を確認してみます．基本事項を振り返っておくと，λ は奇素数，γ は λ に関する原始根で，$\mu=\dfrac{\lambda-1}{2}$ と置きました．α は方程式

$$\alpha^{\lambda-1}+\alpha^{\lambda-2}+\cdots+1=0$$

の根のひとつで，$\lambda-1=2\mu$ 個の根をすべて書き並べると，

$$\alpha,\alpha^{\gamma},\alpha^{\gamma^2},\cdots,\alpha^{\gamma^{\mu-1}};\alpha^{-1},\alpha^{-\gamma},\alpha^{-\gamma^2},\cdots,\alpha^{-\gamma^{\mu-1}}$$

となります．根と係数の関係により，根の総和は $\alpha^{\lambda-2}$ の係数１に負符号をつけた数値，すなわち -1 に等しくなりますから，等式

$$\alpha+\alpha^{\gamma}+\alpha^{\gamma^2}+\cdots+\alpha^{\gamma^{\mu-1}}+\alpha^{-1}+\alpha^{-\gamma}+\alpha^{-\gamma^2}+\cdots+\alpha^{-\gamma^{\mu-1}}=-1$$

が得られます．

これらの観察を踏まえて，式

$$(2-\alpha-\alpha^{-1})\mathrm{F}(\alpha)+(2-\alpha^{\gamma}-\alpha^{-\gamma})\mathrm{F}(\alpha^{\gamma})+\cdots$$
$$\cdots+(2-\alpha^{\gamma^{\mu-1}}-\alpha^{-\gamma^{\mu-1}})\mathrm{F}(\alpha^{\gamma^{\mu-1}})$$

の $a, a_1, a_2, \cdots, a_{\mu-1}$ の係数を算出します．まず a の係数は，

$$\begin{aligned}
&(2-\alpha-\alpha^{-1})(\alpha+\alpha^{-1})+(2-\alpha^{\gamma}-\alpha^{-\gamma})(\alpha^{\gamma}+\alpha^{-\gamma})\\
&\quad+\cdots+(2-\alpha^{\gamma^{\mu-1}}-\alpha^{-\gamma^{\mu-1}})(\alpha^{\gamma^{\mu-1}}+\alpha^{-\gamma^{\mu-1}})\\
&=2\times((\alpha+\alpha^{-1})+(\alpha^{\gamma}+\alpha^{-\gamma})+\cdots+(\alpha^{\gamma^{\mu-1}}+\alpha^{-\gamma^{\mu-1}}))\\
&\quad-((\alpha^2+\alpha^{-2})+(\alpha^{2\gamma}+\alpha^{-2\gamma})+\cdots+(\alpha^{2\gamma^{\mu-1}}+\alpha^{-2\gamma^{\mu-1}}))-(2+2+\cdots+2)\\
&=2\times(-1)-(-1)-2\mu=-2+1-(\lambda-1)=-\lambda
\end{aligned}$$

と算出されます．

次に，a_1 の係数は，

$$\begin{aligned}
&(2-\alpha-\alpha^{-1})(\alpha^{\gamma}+\alpha^{-\gamma})+(2-\alpha^{\gamma}-\alpha^{-\gamma})(\alpha^{\gamma^2}+\alpha^{-\gamma^2})\\
&\quad+\cdots+(2-\alpha^{\gamma^{\mu-1}}-\alpha^{-\gamma^{\mu-1}})(\alpha+\alpha^{-1})\\
&=2\times((\alpha^{\gamma}+\alpha^{-\gamma})+(\alpha^{\gamma^2}+\alpha^{-\gamma^2})+\cdots+(\alpha+\alpha^{-1}))\\
&\quad-((\alpha+\alpha^{-1})(\alpha^{\gamma}+\alpha^{-\gamma})+(\alpha^{\gamma}+\alpha^{-\gamma})(\alpha^{\gamma^2}+\alpha^{-\gamma^2})\\
&\qquad\qquad+\cdots+(\alpha^{\gamma^{\mu-1}}+\alpha^{-\gamma^{\mu-1}})(\alpha+\alpha^{-1}))\\
&=-2-(\alpha^{1+\gamma}+\alpha^{-(1+\gamma)}+\alpha^{\gamma+\gamma^2}+\alpha^{-(\gamma+\gamma^2)}\\
&\qquad\qquad+\cdots+\alpha^{\gamma^{\mu-1}+1}+\alpha^{-(\gamma^{\mu-1}+1)})\\
&\qquad\qquad-(\alpha^{\gamma-1}+\alpha^{-(\gamma-1)}+\alpha^{\gamma^2-\gamma}+\alpha^{-(\gamma^2-\gamma)}\\
&\qquad\qquad+\cdots+\alpha^{1-\gamma^{\mu-1}}+\alpha^{-(1-\gamma^{\mu-1})})\\
&=-2+1+1=0
\end{aligned}$$

となります．同様の計算を繰り返すことにより，$a_2, a_3, \cdots, a_{\mu-1}$ の係数はどれもみな 0 になることがわかります．これで第 1 式，すなわち $-\lambda a$ の表示式が手に入ります．第 2 式以降の $-\lambda a_1, \cdots, -\lambda a_{\mu-1}$ の表示式についても同様です．

独立な単数の非整数冪の積を作る

これらの表示式には$2-\alpha-\alpha^{-1}$, $2-\alpha^{\gamma}-\alpha^{-\gamma},\cdots$という形の数値が見られますが，これらはどれも正の数であり，しかも0と4の間にはさまれています．実際，kはある整数として，

$$\alpha=\cos\frac{2k\pi}{\lambda}+i\sin\frac{2k\pi}{\lambda}\ (i=\sqrt{-1})$$

と表示すると，

$$\alpha+\alpha^{-1}=2\cos\frac{2k\pi}{\lambda}$$

という形になり，これより

$$2-\alpha-\alpha^{-1}=\left(2\sin\frac{k\pi}{\lambda}\right)^2$$

と計算が進みます．これで$2-\alpha-\alpha^{-1}$は4をこえない正数であることがわかります．他の$2-\alpha^{\gamma}-\alpha^{-\gamma},\cdots$についても同様です．

冪指数$\delta_1,\delta_2,\cdots,\delta_{\mu-1}$は0と1の間にはさまれていることを考えると，$\mathrm{F}(\alpha),\mathrm{F}(\alpha^{\gamma}),\cdots$の大きさは一定の限界をこえないことがわかります．その限界は与えられた独立系に応じて定まります．$-\lambda a,-\lambda a_1,\cdots,-\lambda a_{\mu-1}$に対する上記の表示式を見ると，$\mathrm{F}(\alpha),\mathrm{F}(\alpha^{\gamma}),\cdots,\mathrm{F}(\alpha^{\gamma^{\mu-1}})$はすべて正ですから，$\mathrm{F}(\alpha)$の係数$a,a_1,a_2,\cdots,a_{\mu-1}$はすべて負であることになりますが，それに加えて，それらの大きさは一定の限界の間にとどまることもわかります．そうしてこれらの係数は整数なのですから，どの係数についても，適合する数値は有限個しか存在しないという結論に到達します．したがって，$\mathrm{F}(\alpha)$のような形の単数は有限個しか存在しません．ここまでの観察事項をまとめると，次のようになります．

$c_1(\alpha), c_2(\alpha), \cdots, c_{\mu-1}(\alpha)$ は $\mu-1$ 個の独立単数とし，$m_1, m_2, m_3, \cdots, m_{\mu-1}$ は正負の整数とする．このとき，つねに有限個の単数が存在して，それらに

$$\pm\alpha^h c_1(\alpha)^{m_1}\cdot c_2(\alpha)^{m_2}\cdots c_{\mu-1}(\alpha)^{m_{\mu-1}}$$

という形の単数を乗じることにより，ありとあらゆる単数が生成される．

複素単数の整数冪を作る

再び

$$E(\alpha) = c_1(\alpha)^{x_1}\cdot c_2(\alpha)^{x_2}\cdots c_{\mu-1}(\alpha)^{x_{\mu-1}}$$

という形の表示式に立ち返り，冪指数 $x_1, x_2, \cdots, x_{\mu-1}$ は，$E(\alpha)$ が複素単数になるように適切に定められているものとします．n は整数として，$E(\alpha)$ の n 次の冪 $E(\alpha)^n$ を作ると，冪指数は $nx_1, nx_2, \cdots, nx_{\mu-1}$ となりますが，これらのそれぞれから最大の整数を切り離して，

$$nx_1 = m_1+\delta_1,$$
$$nx_2 = m_2+\delta_2, \cdots, nx_{\mu-1} = m_{\mu-1}+\delta_{\mu-1}$$

という形に表示します．ここで，$\delta_1, \delta_2, \cdots, \delta_{\mu-1}$ は 0 と 1 の間にはさまれる数です．このとき，冪 $E(\alpha)^n$ は

$$E(\alpha)^n = c_1(\alpha)^{m_1}\cdot c_2(\alpha)^{m_2}\cdots c_{\mu-1}(\alpha)^{m_{\mu-1}}\cdot c_1(\alpha)^{\delta_1}\cdot c_2(\alpha)^{\delta_2}\cdots c_{\mu-1}(\alpha)^{\delta_{\mu-1}}$$

と表されます．

冪指数 n に次々と $1, 2, 3, 4, \cdots$ という数値を割り当てていくと，それに伴って $m_1, m_2, \cdots, m_{\mu-1}$ と $\delta_1, \delta_2, \cdots, \delta_{\mu-1}$ の数値も変化します．ところが，先ほど示されたように，

$$c_1(\alpha)^{\delta_1}\cdot c_2(\alpha)^{\delta_2}\cdots c_{\mu-1}(\alpha)^{\delta_{\mu-1}}$$

という形の表示式に含まれる単数は有限個しか存在しませんから，上記の $\mathrm{E}(\alpha)^n$ の表示式における第2の因子は，n に $1,2,3,\cdots$ という数値を割り当てていくときに同じものが繰り返し現れることになります．そこで，n と n' に対して，対応する $\mathrm{E}(\alpha)^n$ の第2因子は同一になるとすると，$\mathrm{E}(\alpha)^{n'}$ の表示式における整数の冪指数を $m'_1, m'_2, \cdots, m'_{\mu-1}$ として，二つの等式

$$\mathrm{E}(\alpha)^n = c_1(\alpha)^{m_1}\cdot c_2(\alpha)^{m_2}\cdots c_{\mu-1}(\alpha)^{m_{\mu-1}}\cdot c_1(\alpha)^{\delta_1}\cdot c_2(\alpha)^{\delta_2}\cdots c_{\mu-1}(\alpha)^{\delta_{\mu-1}}$$

$$\mathrm{E}(\alpha)^{n'} = c_1(\alpha)^{m'_1}\cdot c_2(\alpha)^{m'_2}\cdots c_{\mu-1}(\alpha)^{m'_{\mu-1}}\cdot c_1(\alpha)^{\delta_1}\cdot c_2(\alpha)^{\delta_2}\cdots c_{\mu-1}(\alpha)^{\delta_{\mu-1}}$$

が成立します．前者の等式を後者の等式で割ると，

$$\mathrm{E}(\alpha)^{n-n'} = c_1(\alpha)^{m_1-m'_1}\cdot c_2(\alpha)^{m_2-m'_2}\cdots c_{\mu-1}(\alpha)^{m_{\mu-1}-m'_{\mu-1}}$$

という表示が得られます．この状況は次のように言い表されます．

どのような複素単数に対しても，ある整数冪を作ると，それは与えられた $\mu-1$ 個の独立単数系に属する単数の整数冪の積の形に表される．

同じことになりますが，次のようにも言えます．

$x_1, x_2, \cdots, x_n$ は分数とし，これらを冪指数にもつ表示式

$$\pm\alpha^h c_1(\alpha)^{x_1}\cdot c_2(\alpha)^{x_2}\cdot c_3(\alpha)^{x_3}\cdots c_{\mu-1}(\alpha)^{x_{\mu-1}}.$$

を考える．この形の表示式に複素単数が含まれることがあるのは，分数 $x_1, x_2, \cdots, x_{\mu-1}$ の分母がある一定の限界をこえないときのみである．また，そのような分数 $x_1, x_2, \cdots, x_{\mu-1}$ に対し，この表示式により存在しうるあらゆる単数が表される．

クンマーの単数を素材にして新たな独立単数系を作る

クンマーの単数

$$c(\alpha)=\sqrt{\frac{(1-\alpha^{\gamma})(1-\alpha^{-\gamma})}{(1-\alpha)(1-\alpha^{-1})}}$$

を用いて $\mu-1$ 個の単数

$$c(\alpha), c(\alpha^{\gamma}), c(\alpha^{\gamma^2}), \cdots, c(\alpha^{\gamma^{\mu-2}})$$

を作ると，前に見たように，独立単数系が得られます．この単数系を用いるとあらゆる複素単数を表示することができますが，この表示には不都合な点もあるとクンマーは指摘しました．不都合のひとつとして挙げられたのは，一般に冪指数として分数や冪根が必要になることです．もうひとつの不都合は何かというと，分数の冪指数に対応して有理整単数が与えられることがあるとはいうものの，それらの分数冪指数を前もって知ることはできないということです．そこでクンマーは，クンマーの単数を用いて構成される独立単数系を素材にして他の独立単数系を作り，その新たな単数系を用いることにより，**整冪**の積を作るだけであらゆる単数が表示されるようにすることをめざしました．

$\mu-1$ 個の独立単数系

$$\varepsilon_1(\alpha), \varepsilon_2(\alpha), \varepsilon_3(\alpha), \cdots, \varepsilon_{\mu-1}(\alpha)$$

をとると，先ほど示されたことにより，これらの単数の何かある整冪は，単数

$$c(\alpha), c(\alpha^{\gamma}), c(\alpha^{\gamma^2}), \cdots, c(\alpha^{\gamma^{\mu-2}})$$

の整冪を用いて表示されます．それゆえ，

$$\varepsilon_1(\alpha)^{n_1}=c(\alpha)^{r_1^1}\cdot c(\alpha^{\gamma})^{r_2^1}\cdots c(\alpha^{\gamma^{\mu-2}})^{r_{\mu-1}^1}$$

$$\varepsilon_2(\alpha)^{n_2}=c(\alpha)^{r_1^2}\cdot c(\alpha^{\gamma})^{r_2^2}\cdots c(\alpha^{\gamma^{\mu-2}})^{r_{\mu-1}^2}$$

……

$$\varepsilon_{\mu-1}(\alpha)^{n_{\mu-1}}=c(\alpha)^{r_1^{\mu-1}}\cdot c(\alpha^{\gamma})^{r_2^{\mu-1}}\cdots c(\alpha^{\gamma^{\mu-2}})^{r_{\mu-1}^{\mu-1}}$$

という形に表示することができます．冪指数 $n_1, n_2, \cdots, n_{\mu-1}$ は整数で，ある一定の限界をこえることはありません．冪指数 $r_1^1, r_2^1, \cdots$ もまた整数です．

これらの等式の対数をとると，

$$n_1 \log \varepsilon_1(\alpha) = r_1^1 \log c(\alpha) + r_2^1 \log c(\alpha^{\gamma}) + \cdots + r_{\mu-1}^1 \log c(\alpha^{\gamma^{\mu-2}})$$

$$n_2 \log \varepsilon_2(\alpha) = r_1^2 \log c(\alpha) + r_2^2 \log c(\alpha^{\gamma}) + \cdots + r_{\mu-1}^2 \log c(\alpha^{\gamma^{\mu-1}})$$

$\cdots\cdots$

$$n_{\mu-1} \log \varepsilon_{\mu-1}(\alpha) = r_1^{\mu-1} \log c(\alpha) + r_2^{\mu-1} \log c(\alpha^{\gamma}) + \cdots + r_{\mu-1}^{\mu-1} \log c(\alpha^{\gamma^{\mu-2}})$$

という $\mu-1$ 個の等式が得られます．ここで，α を次々と $\alpha^{\gamma}, \cdots, \alpha^{\gamma^{\mu-2}}$ に置き変えていくと，対応して，そのつど新たに $\mu-1$ 個の等式が生じます．それらを書き並べると次のとおり．

$$n_1 \log \varepsilon_1(\alpha^{\gamma}) = r_1^1 \log c(\alpha^{\gamma}) + r_2^1 \log c(\alpha^{\gamma^2}) + \cdots + r_{\mu-1}^1 \log c(\alpha^{\gamma^{\mu-1}})$$

$$n_2 \log \varepsilon_2(\alpha^{\gamma}) = r_1^2 \log c(\alpha^{\gamma}) + r_2^2 \log c(\alpha^{\gamma^2}) + \cdots + r_{\mu-1}^2 \log c(\alpha^{\gamma^{\mu-1}})$$

$\cdots\cdots$

$$n_{\mu-1} \log \varepsilon_{\mu-1}(\alpha^{\gamma}) = r_1^{\mu-1} \log c(\alpha^{\gamma}) + r_2^{\mu-1} \log c(\alpha^{\gamma^2}) + \cdots + r_{\mu-1}^{\mu-1} \log c(\alpha^{\gamma^{\mu-1}})$$

$\cdots\cdots$

$\cdots\cdots$

$$n_1 \log \varepsilon_1(\alpha^{\gamma^{\mu-2}}) = r_1^1 \log c(\alpha^{\gamma^{\mu-2}}) + r_2^1 \log c(\alpha^{\gamma^{\mu-1}}) + \cdots + r_{\mu-1}^1 \log c(\alpha^{\gamma^{\mu-4}})$$

$$n_2 \log \varepsilon_2(\alpha^{\gamma^{\mu-2}}) = r_1^2 \log c(\alpha^{\gamma^{\mu-2}}) + r_2^2 \log c(\alpha^{\gamma^{\mu-1}}) + \cdots + r_{\mu-1}^2 \log c(\alpha^{\gamma^{\mu-4}})$$

$\cdots\cdots$

$$n_{\mu-1} \log \varepsilon_{\mu-1}(\alpha^{\gamma^{\mu-2}}) = r_1^{\mu-1} \log c(\alpha^{\gamma^{\mu-2}}) + r_2^{\mu-1} \log c(\alpha^{\gamma^{\mu-1}}) + \cdots$$
$$\cdots + r_{\mu-1}^{\mu-1} \log c(\alpha^{\gamma^{\mu-4}})$$

行列

$$\begin{pmatrix} \log \varepsilon_1(\alpha) & \log \varepsilon_1(\alpha^{\gamma}) & \cdots & \log \varepsilon_1(\alpha^{\gamma^{\mu-2}}) \\ \log \varepsilon_2(\alpha) & \log \varepsilon_2(\alpha^{\gamma}) & \cdots & \log \varepsilon_2(\alpha^{\gamma^{\mu-2}}) \\ \vdots & \vdots & \cdots & \vdots \\ \log \varepsilon_{\mu-1}(\alpha) & \log \varepsilon_{\mu-1}(\alpha^{\gamma}) & \cdots & \log \varepsilon_{\mu-1}(\alpha^{\gamma^{\mu-2}}) \end{pmatrix}$$

の行列式を $\varDelta$ で表します．同様に，行列

$$\begin{pmatrix} \log c(\alpha) & \log c(\alpha^{\gamma}) & \cdots & \log c(\alpha^{\gamma^{\mu-2}}) \\ \log c(\alpha^{\gamma}) & \log c(\alpha^{\gamma^2}) & \cdots & \log c(\alpha^{\gamma^{\mu-1}}) \\ \vdots & \vdots & & \vdots \\ \log c(\alpha^{\gamma^{\mu-2}}) & \log c(\alpha^{\gamma^{\mu-1}}) & \cdots & \log c(\alpha^{\gamma^{\mu-4}}) \end{pmatrix}$$

の行列式を，これまでもそうしたように，D と表記します．また，行列

$$\begin{pmatrix} r_1^1 & r_2^1 & \cdots & r_{\mu-1}^1 \\ r_1^2 & r_2^2 & \cdots & r_{\mu-1}^2 \\ \vdots & \vdots & \cdots & \vdots \\ r_1^{\mu-1} & r_2^{\mu-1} & \cdots & r_{\mu-1}^{\mu-1} \end{pmatrix}$$

の行列式を R とします

ここに登場した三つの行列は

$$\begin{pmatrix} n_1 & 0 & \cdots & 0 \\ 0 & n_2 & \cdots & 0 \\ \vdots & \vdots & \cdots & \vdots \\ 0 & 0 & \cdots & n_{\mu-1} \end{pmatrix} \begin{pmatrix} \log\varepsilon_1(\alpha) & \log\varepsilon_1(\alpha^{\gamma}) & \cdots & \log\varepsilon_1(\alpha^{\gamma^{\mu-2}}) \\ \log\varepsilon_2(\alpha) & \log\varepsilon_2(\alpha^{\gamma}) & \cdots & \log\varepsilon_2(\alpha^{\gamma^{\mu-2}}) \\ \vdots & \vdots & \cdots & \vdots \\ \log\varepsilon_{\mu-1}(\alpha) & \log\varepsilon_{\mu-1}(\alpha^{\gamma}) & \cdots & \log\varepsilon_{\mu-1}(\alpha^{\gamma^{\mu-2}}) \end{pmatrix}$$

$$= \begin{pmatrix} r_1^1 & r_2^1 & \cdots & r_{\mu-1}^1 \\ r_1^2 & r_2^2 & \cdots & r_{\mu-1}^2 \\ \vdots & \vdots & \cdots & \vdots \\ r_1^{\mu-1} & r_2^{\mu-1} & \cdots & r_{\mu-1}^{\mu-1} \end{pmatrix} \begin{pmatrix} \log c(\alpha) & \log c(\alpha^{\gamma}) & \cdots & \log c(\alpha^{\gamma^{\mu-2}}) \\ \log c(\alpha^{\gamma}) & \log c(\alpha^{\gamma^2}) & \cdots & \log c(\alpha^{\gamma^{\mu-1}}) \\ \vdots & \vdots & \cdots & \vdots \\ \log c(\alpha^{\gamma^{\mu-2}}) & \log c(\alpha^{\gamma^{\mu-1}}) & \cdots & \log c(\alpha^{\gamma^{\mu-4}}) \end{pmatrix}$$

という関係で相互に結ばれています．そこで，行列式に移行すると，等式

$$n_1 \cdot n_2 \cdots n_{\mu-1} \Delta = \mathrm{R} \cdot \mathrm{D}$$

が得られます．これより，

$$\Delta = \frac{\mathrm{R} \cdot \mathrm{D}}{n_1 \cdot n_2 \cdots n_{\mu-1}}$$

となります．

整数値の系 $r_k^h\,(k, h = 1, 2, \cdots, \mu-1)$ の選び方により

$$\mathrm{R} = 0$$

となることがあり，その場合には

$$\Delta = 0$$

となります．そのような系はすべて除外することにすると，R のとりうる(正の)最小値は

$$\mathrm{R}=1$$

です．これに加えて，行列式Dは0と異なる定まった有限値をもつこと，それに数 $n_1, n_2, \cdots, n_{\mu-1}$ はある定まった限界をこえないこともわかっています．このような状況を考え合わせると，Δ のとりうるさまざまな値の中には，ある定まった有限の**最小**値がつねに存在するという事実が帰結します．次のようにも言えます．$\mu-1$ 個の独立な単数の作る系 $\varepsilon_1(\alpha), \varepsilon_2(\alpha), \cdots, \varepsilon_{\mu-1}(\alpha)$ は無数に存在しますが，それらの間に，対応する行列式 Δ がある有限な限界以下になるものは決して存在しない，というふうに．

$\mu-1$ 個の単数の作る独立系のうち，対応する行列式 Δ が**最小値**をとるものを指して，クンマーは**基本系**(**système fondamental**)と呼びました．

ここまでの論証により，基本系の存在が明らかになりました．そこで，

$$\varepsilon_1(\alpha), \varepsilon_2(\alpha), \cdots, \varepsilon_{\mu-1}(\alpha)$$

は基本系とすると，対応する行列式 Δ は最小値をもつことになります．このとき，整冪指数 $m_1, m_2, \cdots, m_{\mu-1}$ を用いて

$$\pm\alpha^h \varepsilon_1(\alpha)^{m_1} \varepsilon_2(\alpha)^{m_2} \cdots \varepsilon_{\mu-1}(\alpha)^{m_{\mu-1}}$$

という形の単数を考えると，あらゆる単数が例外なく与えられるとクンマーは主張しました．

第6章

単数の理論の続きと円周等分方程式の根の周期等式

複素単数の考察の続き

単数の基本系の存在が明らかになったところまで話が進みました．あらためて，基本系

$$\varepsilon_1(\alpha), \varepsilon_2(\alpha), \cdots, \varepsilon_{\mu-1}(\alpha)$$

を取り上げると，基本系というものの定義により，対応する行列式 Δ は最小値をもちます．この基本系に属する単数の整数冪の積に単純単数を乗じて

$$\pm\alpha^h \varepsilon_1(\alpha)^{m_1} \cdot \varepsilon_2(\alpha)^{m_2} \cdot \varepsilon_3(\alpha)^{m_3} \cdots \varepsilon_{\mu-1}(\alpha)^{m_{\mu-1}}$$

という形の単数を作ると，あらゆる単数が汲み尽くされるというのがクンマーの主張でした．

これを証明するために，この形に表すことのできない単数が存在すると仮定します．整数の冪指数に限定しなければ，その単数は分数の冪指数 $x_1, x_2, \cdots, x_{\mu-1}$ を用いて

$$\pm\alpha^h \varepsilon_1(\alpha)^{x_1} \cdot \varepsilon_2(\alpha)^{x_2} \cdots \varepsilon_{\mu-1}(\alpha)^{x_{\mu-1}}$$

という形に表されます．そこで $x_1, x_2, \cdots, x_{\mu-1}$ の各々について，そこに含まれる最大の整数を切り離して

$$x_1 = m_1 + \delta_1,\ x_2 = m_2 + \delta_2,\ \cdots,$$
$$x_{\mu-1} = m_{\mu-1} + \delta_{\mu-1}$$

とします．ここで，$m_1, m_2, \cdots, m_{\mu-1}$ は整数です．$\delta_1, \delta_2, \cdots, \delta_{\mu-1}$ は0と1の間にとどまり，0になることはありますが，1になることはありません．このようにすると，ここで取り上げている単数は

$$\pm\alpha^h \varepsilon_1(\alpha)^{m_1}\cdot\varepsilon_2(\alpha)^{m_2}\cdots\varepsilon_{\mu-1}(\alpha)^{m_{\mu-1}}\cdot\varepsilon_1(\alpha)^{\delta_1}\cdot\varepsilon_2(\alpha)^{\delta_2}\cdots\varepsilon_{\mu-1}(\alpha)^{\delta_{\mu-1}}$$

という形になります．これより，

$$\varepsilon_1(\alpha)^{\delta_1}\cdot\varepsilon_2(\alpha)^{\delta_2}\cdots\varepsilon_{\mu-1}(\alpha)^{\delta_{\mu-1}} = \mathrm{E}(\alpha)$$

もまた複素単数であることがわかります．$\delta_1, \delta_2, \cdots, \delta_{\mu-1}$ のすべてが0になることはありえませんから，たとえば δ_1 は0ではないものとして，あらためて $\mu-1$ 個の単数の系

$$\mathrm{E}(\alpha), \varepsilon_2(\alpha), \varepsilon_3(\alpha), \cdots, \varepsilon_{\mu-1}(\alpha)$$

を取り上げます．この単数系を構成する単数の対数を用いて行列

$$\begin{pmatrix} \log \mathrm{E}(\alpha) & \log\varepsilon_2(\alpha) & \log\varepsilon_3(\alpha) & \cdots & \log\varepsilon_{\mu-1}(\alpha) \\ \log \mathrm{E}(\alpha^{\gamma}) & \log\varepsilon_2(\alpha^{\gamma}) & \log\varepsilon_3(\alpha^{\gamma}) & \cdots & \log\varepsilon_{\mu-1}(\alpha^{\gamma}) \\ \vdots & \vdots & \vdots & \cdots & \vdots \\ \log \mathrm{E}(\alpha^{\gamma^{\mu-2}}) & \log\varepsilon_2(\alpha^{\gamma^{\mu-2}}) & \log\varepsilon_3(\alpha^{\gamma^{\mu-2}}) & \cdots & \log\varepsilon_{\mu-1}(\alpha^{\gamma^{\mu-2}}) \end{pmatrix}$$

を作り，この行列の行列式を $\varDelta'$ と表記します．第1列に並ぶ $\mu-1$ 個の数

$$\log \mathrm{E}(\alpha), \log \mathrm{E}(\alpha^{\gamma}), \cdots, \log \mathrm{E}(\alpha^{\gamma^{\mu-2}})$$

に着目すると，まず等式

$$\log \mathrm{E}(\alpha) = \delta_1 \log\varepsilon_1(\alpha) + \delta_2 \log\varepsilon_2(\alpha) + \cdots + \delta_{\mu-1}\log\varepsilon_{\mu-1}(\alpha)$$

が成り立ちます．この等式において α を次々と $\alpha^{\gamma}, \alpha^{\gamma^2}, \cdots, \alpha^{\gamma^{\mu-2}}$ に置き換えると，

$$\log \mathrm{E}(\alpha^{\gamma}), \cdots, \log \mathrm{E}(\alpha^{\gamma^{\mu-2}})$$

を表示する等式が得られます．これらを上記の行列の第1列に代入して，その行列の行列式の計算を進めると，等式

$$\varDelta' = \delta_1 \varDelta$$

が得られます．これで $\varDelta'$ は $\varDelta$ に帰着されました．ところが δ_1

は1より小さくて，しかも0ではないのですから，$\mu-1$個の独立単数系$\mathrm{E}(\alpha), \varepsilon_2(\alpha), \varepsilon_3(\alpha), \cdots, \varepsilon_{\mu-1}(\alpha)$は$\Delta$よりも小さい行列式$\Delta'$に所属することになります．これは仮定されたことに反しています．これで次に挙げる定理が得られました．

> $\mu-1$個の単数の基本形が存在して，それらの単数の整数冪を乗じて，その積に$\pm\alpha^h$という形の因子を連結させることにより，存在しうるすべての単数が生成される．冪指数の組合せが異なれば，生成される単数もまた異なる．

基本単数系は無数に存在する

$\mu-1$個の単数

$$\mathrm{E}_1(\alpha), \mathrm{E}_2(\alpha), \mathrm{E}_3(\alpha), \cdots, \mathrm{E}_{\mu-1}(\alpha)$$

を考えて，これらは基本単数

$$\varepsilon_1(\alpha), \varepsilon_2(\alpha), \cdots, \varepsilon_{\mu-1}(\alpha)$$

により次のように表示されるとします．

$$\mathrm{E}_1(\alpha) = \varepsilon_1(\alpha)^{r_1^1} \cdot \varepsilon_2(\alpha)^{r_2^1} \cdots \varepsilon_{\mu-1}(\alpha)^{r_{\mu-1}^1}$$

$$\mathrm{E}_2(\alpha) = \varepsilon_1(\alpha)^{r_1^2} \cdot \varepsilon_2(\alpha)^{r_2^2} \cdots \varepsilon_{\mu-1}(\alpha)^{r_{\mu-1}^2}$$

$$\cdots\cdots\cdots$$

$$\mathrm{E}_{\mu-1}(\alpha) = \varepsilon_1(\alpha)^{\gamma_1^{\mu-1}} \varepsilon_2(\alpha)^{\gamma_2^{\mu-1}} \cdots \varepsilon_{\mu-1}(\alpha)^{\gamma_{\mu-1}^{\mu-1}}$$

ここで，冪指数r_k^hはすべて整数です．対数をとると，

$$\log \mathrm{E}_1(\alpha) = r_1^1 \log \varepsilon_1(\alpha) + r_2^1 \log \varepsilon_2(\alpha) + \cdots + r_{\mu-1}^1 \log \varepsilon_{\mu-1}(\alpha)$$

$$\log \mathrm{E}_2(\alpha) = r_1^2 \log \varepsilon_1(\alpha) + r_2^2 \log \varepsilon_2(\alpha) + \cdots + r_{\mu-1}^2 \log \varepsilon_{\mu-1}(\alpha)$$

$$\cdots\cdots$$

$$\log \mathrm{E}_{\mu-1}(\alpha) = r_1^{\mu-1} \log \varepsilon_1(\alpha) + r_2^{\mu-1} \log \varepsilon_2(\alpha) + \cdots + r_{\mu-1}^{\mu-1} \log \varepsilon_{\mu-1}(\alpha)$$

となります．そこで，行列

$$A=\begin{pmatrix} r_1^1 & r_2^1 & \cdots & r_{\mu-1}^1 \\ r_1^2 & r_2^2 & \cdots & r_{\mu-1}^2 \\ \vdots & \vdots & \cdots & \vdots \\ r_1^{\mu-1} & r_2^{\mu-1} & \cdots & r_{\mu-1}^{\mu-1} \end{pmatrix}$$

の行列式を，前にそうしたように，Rで表します．基本単数系

$$\varepsilon_1(\alpha), \varepsilon_2(\alpha), \cdots, \varepsilon_{\mu-1}(\alpha)$$

から作られる行列

$$B=\begin{pmatrix} \log\varepsilon_1(\alpha) & \log\varepsilon_1(\alpha^\gamma) & \cdots & \log\varepsilon_1(\alpha^{\gamma^{\mu-2}}) \\ \log\varepsilon_2(\alpha) & \log\varepsilon_2(\alpha^\gamma) & \cdots & \log\varepsilon_2(\alpha^{\gamma^{\mu-2}}) \\ \vdots & \vdots & \cdots & \vdots \\ \log\varepsilon_{\mu-1}(\alpha) & \log\varepsilon_{\mu-1}(\alpha^\gamma) & \cdots & \log\varepsilon_{\mu-1}(\alpha^{\gamma^{\mu-2}}) \end{pmatrix}$$

の行列式を Δ，単数系 $\mathrm{E}_1(\alpha), \mathrm{E}_2(\alpha), \mathrm{E}_3(\alpha), \cdots, \mathrm{E}_{\mu-1}(\alpha)$ の単数で作られる行列

$$C=\begin{pmatrix} \log\mathrm{E}_1(\alpha) & \log\mathrm{E}_1(\alpha^\gamma) & \cdots & \log\mathrm{E}_1(\alpha^{\gamma^{\mu-2}}) \\ \log\mathrm{E}_2(\alpha) & \log\mathrm{E}_2(\alpha^\gamma) & \cdots & \log\mathrm{E}_2(\alpha^{\gamma^{\mu-2}}) \\ \vdots & \vdots & \cdots & \vdots \\ \log\mathrm{E}_{\mu-1}(\alpha) & \log\mathrm{E}_{\mu-1}(\alpha^\gamma) & \cdots & \log\mathrm{E}_{\mu-1}(\alpha^{\gamma^{\mu-2}}) \end{pmatrix}$$

の行列式を Δ_1 と表記すると，$C=AB$ より，等式

$$\Delta_1 = \mathrm{R}\Delta$$

が得られます．

それゆえ，行列式Rが1に等しければ，$\Delta_1=\Delta$ となります．これを言い換えると，単数系

$$\mathrm{E}_1(\alpha), \mathrm{E}_2(\alpha), \mathrm{E}_3(\alpha), \cdots, \mathrm{E}_{\mu-1}(\alpha)$$

は基本形であることになります．$\mathrm{R}=1$ となるような冪指数 r_k^h の選び方は無数に存在しますから，**ひとつの基本系から無数の基本系が作り出される**ことが，これで明らかになりました．

再び等式 $\Delta_1=\mathrm{R}\Delta$ に立ち返ると，この等式は商 $\dfrac{\Delta_1}{\Delta}=\mathrm{R}$ が整数であることを示しています．任意の独立単数系の行列式を基本系の行列式で割ると，商は整数であることがわかります．第2章「複素単数の理論」はここまでで終りです．

円周等分方程式の根の周期への着目

第 3 章の章題は

方程式 $1+\alpha+\alpha^2+\cdots+\alpha^{\lambda-1}=0$ の根の周期と，類似の合同式の根との対応

です．複素単数というのは,「そのノルムが 1 に等しい複素数」のことでした．そこで，次は「そのノルムが任意の整数になる複素数」の考察に移ることになりますが，クンマーは方程式

$$1+\alpha+\alpha^2+\cdots+\alpha^{\lambda-1}=0$$

の単純根で作られる複素数のみに限定することはせず，単純根の**周期**を含む複素数を取り上げています．周期という特別の形の複素数で組み立てられている複素数というと，単純根で構成される複素数に比べて一般性がとぼしいような印象がありますが，それは見かけだけであることにクンマーは注意を喚起しています．実際，ただひとつの項しか含まない周期は単純根にほかなりませんから，単純根は特別の周期と考えられます．それゆえ，周期で作られる複素数にはあらゆる複素数が包摂されていることになります．

円周等分方程式の根の周期への着目はガウスに由来するアイデアで，ガウスの著作『アリトメチカ研究（D.A.）』の第 7 章「円の分割を定める方程式」に詳述されています．まず $\lambda-1$ を二つの因子に分けて，

$$\lambda-1=ef$$

と表示します．λ の原始根をとり，それを γ とします．このようにしたうえで，方程式

$$\alpha^\lambda=1$$

の虚根，言い換えると，方程式

$$1+\alpha+\alpha^2+\cdots+\alpha^{\lambda-1}=0$$

の $\lambda-1$ 個の根を，次のように e 個の f 項周期に区分けします．

$$\eta=\alpha+\alpha^{\gamma^e}+\alpha^{\gamma^{2e}}+\cdots+\alpha^{\gamma^{(f-1)e}}$$
$$\eta_1=\alpha^{\gamma}+\alpha^{\gamma^{e+1}}+\alpha^{\gamma^{2e+1}}+\cdots+\alpha^{\gamma^{(f-1)e+1}}$$
$$\eta_2=\alpha^{\gamma^2}+\alpha^{\gamma^{e+2}}+\alpha^{\gamma^{2e+2}}+\cdots+\alpha^{\gamma^{(f-1)e+2}}$$
$$\cdots\cdots$$
$$\eta_{e-1}=\alpha^{\gamma^{e-1}}+\alpha^{\gamma^{2e-1}}+\alpha^{\gamma^{3e-1}}+\cdots+\alpha^{\gamma^{fe-1}}$$

これらの周期を作る単純根の冪指数の全体を，次のように f 行，e 列の行列の形に配列するといくぶん見やすくなります．

$$\begin{pmatrix} 1 & \gamma & \gamma^2 & \cdots & \gamma^{e-1} \\ \gamma^e & \gamma^{e+1} & \gamma^{e+2} & \cdots & \gamma^{2e-1} \\ \gamma^{2e} & \gamma^{2e+1} & \gamma^{2e+2} & \cdots & \gamma^{3e-1} \\ \vdots & \vdots & \vdots & \cdots & \cdots \\ \gamma^{(f-1)e} & \gamma^{(f-1)e+1} & \gamma^{(f-1)e+2} & \cdots & \gamma^{(f-1)e+e-1} \end{pmatrix}$$

この行列の第1列の成分に対応する根の総和が η，第2列の成分に対応する根の総和が η_1，第3列の成分に対応する根の総和が $\eta_2,\cdots$，第 e 列の成分に対応する根の総和が η_{e-1} です．η_{e-1} を作る f 個の項のうち，最後の項は $\gamma^{(f-1)e+e-1}=\gamma^{fe-1}$ となります．

相互関係をもう少し観察すると，η において α を α^{γ} に置き換えると η_1 になり，α^{γ^2} に置き換えると η_2 になります．以下も同様で，最後に α を $\alpha^{\gamma^{e-1}}$ に置き換えると η_{e-1} になります．

これらの e 個の f 項周期を

$$\eta, \eta_1, \eta_2, \cdots, \eta_{e-1}$$

と配列してみます．f 項周期はこれで終るわけではなく，さらに $\eta_e, \eta_{e+1}, \eta_{e+2}, \cdots$ を次々と作っていくことができますが，これを実行すると既出の周期が繰り返し現れます．たとえば，η において α を α^{γ^e} に置き換えると η_e が得られますから，

$$\eta_e=\alpha^{\gamma^e}+\alpha^{\gamma^{2e}}+\cdots+\alpha^{\gamma^{e+(f-1)e}}$$

という形になります．η の第2項からはじまり，第 $f-1$ 項は η の第 f 項です．最後の第 f 項は $\alpha^{\gamma^{e+(f-1)e}}=\alpha^{\gamma^{fe}}=\alpha^{\gamma^{\lambda-1}}=\alpha$ とな

りますが，これはηの初項にほかなりません．これで$\eta_e=\eta$であることがわかりました．ここから先も同様で，一般に

$$\eta_{ke+h}=\eta_h$$

となります．

αをα^{γ^k}に置き換えると，ηはη_kに変り，η_1はη_{k+1}に，η_2はη_{k+2}に変ります．以下も同様で，最後にη_{e-1}は$\eta_{k+e-1}=\eta_{k-1}$に変ります．それゆえ，αをα^{γ^k}に変えても周期の系列

$$\eta, \eta_1, \eta_2, \cdots, \eta_{e-1}$$

の配列順は変更されず，新たな系列

$$\eta_k, \eta_{k+1}, \eta_{k+2}, \cdots, \eta_{k-1}$$

が現れます．

周期の和と周期の積

e個のf項周期の総和はすぐにわかります．実際，この総和は円周等分方程式

$$1+\alpha+\alpha^2+\cdots+\alpha^{\lambda-1}=0$$

のすべての根の総和と同じものですから，

$$\eta+\eta_1+\eta_2+\cdots+\eta_{e-1}=-1$$

となります．

周期の積の計算はいくぶん複雑です．表記の簡明化をはかって，ガウスの流儀を借りて，単純根αの冪α^kの冪指数のみに注目して，これを単に$[k]$と表記することにします．また，$g=\gamma^e$と定めます．このようにすると，f項周期ηは

$$\eta=[1]+[g]+[g^2]+\cdots+[g^{f-1}]$$

という形に表されます．これで相当に簡明になりましたが，f項周期であることと，冒頭の項$[1]$に着目して，再びガウスの流儀にならってこれを$(f, 1)$と書くことにします．これで$\eta=(f, 1)$となりました．他のf項周期についても同様にして，

$$\eta_1=(f,\gamma)=[\gamma]+[\gamma g]+[\gamma g^2]+\cdots+[\gamma g^{f-1}]$$
$$\eta_2=(f,\gamma^2)=[\gamma^2]+[\gamma^2 g]+[\gamma^2 g^2]+\cdots+[\gamma^2 g^{f-1}]$$
$$\cdots\cdots$$
$$\eta_{e-1}=(f,\gamma^{e-1})=[\gamma^{e-1}]+[\gamma^{e-1}g]+[\gamma^{e-1}g^2]+\cdots+[\gamma^{e-1}g^{f-1}]$$

と表記します

クンマーは積 $\eta\eta_k$ を計算しています．これを実行するために，まずはじめに，即座に諒解されることですが，等式

$$(f,\gamma^k)=(f,\gamma^k g)=(f,\gamma^k g^2)=\cdots=(f,\gamma^k g^{f-1})$$

が成立することを確認しておきます．これを踏まえると次のように計算が進みます．

$$\begin{aligned}
\eta\eta_k&=([1]+[g]+[g^2]+\cdots+[g^{f-1}])(f,\gamma^k)\\
&=[1](f,\gamma^k)+[g](f,\gamma^k)+[g^2](f,\gamma^k)+\cdots+[g^{f-1}](f,\gamma^k)\\
&=[1](f,\gamma^k)+[g](f,\gamma^k g)+[g^2](f,\gamma^k g^2)+\cdots+[g^{f-1}](f,\gamma^k g^{f-1})\\
&=[1]([\gamma^k]+[\gamma^k g]+[\gamma^k g^2]+\cdots+[\gamma^k g^{f-1}])\\
&\quad+[g]([\gamma^k g]+[\gamma^k g^2]+[\gamma^k g^3]+\cdots+[\gamma^k])\\
&\quad+[g^2]([\gamma^k g^2]+[\gamma^k g^3]+[\gamma^k g^4]+\cdots+[\gamma^k g])\\
&\quad+\cdots+[g^{f-1}]([\gamma^k g^{f-1}]+[\gamma^k]+[\gamma^k g]+\cdots+[\gamma^k g^{f-2}])\\
&=[1+\gamma^k]+[1+\gamma^k g]+[1+\gamma^k g^2]+\cdots+[1+\gamma^k g^{f-1}]\\
&\quad+[g+\gamma^k g]+[g+\gamma^k g^2]+[g+\gamma^k g^3]+\cdots+[g+\gamma^k]\\
&\quad+[g^2+\gamma^k g^2]+[g^2+\gamma^k g^3]+[g^2+\gamma^k g^4]+\cdots+[g^2+\gamma^k g]\\
&\quad+\cdots+[g^{f-1}+\gamma^k g^{f-1}]+[g^{f-1}+\gamma^k]+[g^{f-1}+\gamma^k g]\\
&\quad+\cdots+[g^{f-1}+\gamma^k g^{f-2}]\\
&=([1+\gamma^k]+[(1+\gamma^k)g]+[(1+\gamma^k)g^2]+\cdots+[(1+\gamma^k)g^{f-1}])\\
&\quad+([1+\gamma^k g]+[(1+\gamma^k g)g]+[(1+\gamma^k g)g^2]+\cdots+[(1+\gamma^k g)g^{f-1}])\\
&\quad+([1+\gamma^k g^2]+[(1+\gamma^k g^2)g]+[(1+\gamma^k g^2)g^2]\\
&\quad+\cdots+[(1+\gamma^k g^2)g^{f-1}])\\
&\quad+\cdots\\
&\quad+([1+\gamma^k g^{f-1}]+[(1+\gamma^k g^{f-1})g]\\
&\quad+[(1+\gamma^k g^{f-1})g^2]+\cdots+[(1+\gamma^k g^{f-1})g^{f-1}])\\
&=(f,1+\gamma^k)+(f,1+\gamma^k g)+(f,1+\gamma^k g^2)+\cdots+(f,1+\gamma^k g^{f-1}).
\end{aligned}$$

この計算により，積 $\eta\eta_k$ は $(f, 1+\gamma^k), (f, 1+\gamma^k g), (f, 1+\gamma^k g^2), \cdots, (f, 1+\gamma^k g^{f-1})$ の和の形に表されることがわかります．これらの中には「数1が f 個並んでいるもの」も存在する可能性がありますが，それ以外は f 項周期であり，$\eta, \eta_1, \eta_2, \cdots, \eta_{e-1}$ のいずれかと一致します．同じ「f 個の1の和」や同一の f 項周期がいくつも出現することもありえます．このような状況を勘案すると，積 $\eta\eta_k$ は

$$\eta\eta_k = n^k f + m^k\eta + m_1^k\eta_1 + m_2^k\eta_2 + \cdots + m_{e-1}^k\eta_{e-1}$$

という形に表示されることがわかります．ここで，係数 $n^k, m^k, m_1^k, \cdots, m_{e-1}^k$ は0または正の整数です．

この等式において γ を γ^r に置き換えると，η は η_r に，η_1 は η_{r+1} に，η_2 は η_{r+2} に，…順次移っていきますから，等式

$$\eta_r\eta_{r+k} = n^k f + m^k\eta_r + m_1^k\eta_{r+1} + m_2^k\eta_{r+2} + \cdots + m_{e-1}^k\eta_{r-1}$$

が得られます．また，等式 $\eta\eta_k = n^k f + m^k\eta + m_1^k\eta_1 + m_2^k\eta_2 + \cdots \cdots + m_{e-1}^k\eta_{e-1}$ において，順次 $k = 0, 1, 2, \cdots, e-1$ とすると，方程式系

$$\text{(A)} \quad \begin{cases} \eta^2 = nf + m\eta + m_1\eta_1 + m_2\eta_2 + \cdots + m_{e-1}\eta_{e-1} \\ \eta\eta_1 = n^1 f + m^1\eta + m_1^1\eta_1 + m_2^1\eta_2 + \cdots + m_{e-1}^1\eta_{e-1} \\ \eta\eta_2 = n^2 f + m^2\eta + m_1^2\eta_1 + m_2^2\eta_2 + \cdots + m_{e-1}^2\eta_{e-1} \\ \cdots\cdots \\ \eta\eta_{e-1} = n^{e-1} f + m^{e-1}\eta + m_1^{e-1}\eta_1 + m_2^{e-1}\eta_2 + \cdots + m_{e-1}^{e-1}\eta_{e-1} \end{cases}$$

が手に入ります（$n^0 = n$, $m^0 = m$, $m_1^0 = m_1, \cdots, m_{e-1}^0 = m_{e-1}$ と置きました）．これらの方程式を基本にして，周期に関するいろいろな計算が行われます．

$n^k=0$ となる場合

等式 $\eta\eta_k=n^k f+m^k\eta+m_1^k\eta_1+m_2^k\eta_2+\cdots+m_{e-1}^k\eta_{e-1}$ において，$n^k=0$ となる場合を調べてみます．この表示は等式

$$\eta\eta_k=(f,1+\gamma^k)+(f,1+\gamma^k g)$$
$$+(f,1+\gamma^k g^2)+\cdots+(f,1+\gamma^k g^{f-1})$$

に基づいていますが，ここに見られる f 個の和

$$(f,1+\gamma^k)$$
$$(f,1+\gamma^k g)$$
$$(f,1+\gamma^k g^2)$$
$$\cdots$$
$$(f,1+\gamma^k g^{f-1})$$

を観察すると，f 個の数 $1+\gamma^k$, $1+\gamma^k g$, $1+\gamma^k g^2,\cdots,1+\gamma^k g^{f-1}$ の各々について，法 λ に関して 0 と合同になるか否かを調べることになります．実際，ある k と l に対して $1+\gamma^k g^l$ が法 λ に関して 0 と合同になるとすれば，そのとき $(f,1+\gamma^k g^l)=f$ となります．そこで合同式

$$1+\gamma^k g^l\equiv 0\ (\mathrm{mod}.\lambda)\ (l=0,1,2,\cdots,f-1)$$

を調べると，$\gamma^k g^l=\gamma^{k+el}$ となりますから，合同式 $\gamma^{k+el}\equiv -1$ $(\mathrm{mod}.\lambda)$ が成立します．ところが γ は法 λ に関する原始根ですから，この合同式は

$$k+el\equiv\frac{\lambda-1}{2}\ \ (\mathrm{mod}.\lambda)$$

となるときに限って成立します．ここで $0\leqq k\leqq e-1$, $0\leqq l\leqq f-1$ ですから，$0\leqq k+el\leqq e-1+e(f-1)=ef-1=\lambda-2$．それゆえ，先ほどの合同式が成立するのは $k+el=\dfrac{\lambda-1}{2}$ となる場

合です．これより $k+el=\frac{\lambda-1}{2}=\frac{ef}{2}$.

f の偶奇に応じて 2 通りの場合を分けて考察します．

f が偶数のとき，$k=\left(\frac{f}{2}-l\right)e$. $0 \leqq k \leqq e-1$ ですから，この等式が成り立つのは $\frac{f}{2}-l=0$ のときに限ります．このとき $l=\frac{f}{2}$, $k=0$. それゆえ，$n=1$ となります．

f が奇数のときは e が偶数になります．このとき $k=\frac{e}{2}(f-2l)$ と表示されますが，$0 \leqq k \leqq e-1$ であることと f は奇数であることを考えると，必然的に $k=\frac{e}{2}$, $f-2l=1$ であるほかはありません．l も $l=\frac{f-1}{2}$ と確定します．それゆえ，この場合にも $n^{\frac{e}{2}}=1$ となります．

これらの 2 通りの場合を除くと，つねに $n^k=0$ となります．

m_h^k について

$$(f,1+\gamma^k),\ (f,1+\gamma^k g),\ (f,1+\gamma^k g^2), \cdots, \quad (f,1+\gamma^k g^{f-1})$$

の各々について，たとえば $(f,1+\gamma^k g^x)$ が f 項周期 η_h と一致するのは，$1+\gamma^k g^x$ が η_h を構成する f 個の項の冪指数 $\gamma^h, \gamma^h g, \gamma^h g^2, \cdots, \gamma^h g^{f-1}$ のいずれかと法 λ に関して合同になる場合です．そこで，合同式

$$1+\gamma^k g^x \equiv \gamma^h g^y \pmod{\lambda}$$

あるいは，同じことですが，合同式

$$1+\gamma^{k+xe} \equiv \gamma^{h+ye} \pmod{\lambda}$$

を書き，これを満たす x, y で，f より小さくて，しかも(0も含めて)正であるものの個数を数えれば m_h^k の数値が判明します．

等式 $\eta\eta_k = n^k f + m^k \eta + m_1^k \eta_1 + m_2^k \eta_2 + \cdots + m_{e-1}^k \eta_{e-1}$ の左辺を展開すると，f^2 個の項が現れます．右辺を見ると，まず1が $n^k f$ 個．それと，周期 $\eta, \eta_1, \eta_2, \cdots, \eta_{e-1}$ の各々に f 個の項が含まれていますから，右辺の項の総数は $(n^k + m^k + m_1^k + m_2^k + \cdots + m_{e-1}^k)f$ 個になります．これらを等置すると，

$$f^2 = (n^k + m^k + m_1^k + m_2^k + \cdots + m_{e-1}^k)f.$$

これで等式

$$n^k + m^k + m_1^k + m_2^k + \cdots + m_{e-1}^k = f$$

が得られました．

二つの周期の積の総和

二つの周期 η_r, η_{r+k} の積の表示式 $\eta_r\eta_{r+k} = n^k f + m^k \eta_r + m_1^k \eta_{r+1} + m_2^k \eta_{r+2} + \cdots + m_{e-1}^k \eta_{r-1}$ において，順次 $r = 0, 1, 2, \cdots, e-1$ を代入すると，e 個の等式

$$\eta\eta_k = n^k f + m^k \eta + m_1^k \eta_1 + m_2^k \eta_2 + \cdots + m_{e-1}^k \eta_{e-1}$$
$$\eta_1\eta_{k+1} = n^k f + m^k \eta_1 + m_1^k \eta_2 + m_2^k \eta_3 + \cdots + m_{e-1}^k \eta$$
$$\eta_2\eta_{k+2} = n^k f + m^k \eta_2 + m_1^k \eta_3 + m_2^k \eta_4 + \cdots + m_{e-1}^k \eta_1$$
$$\cdots\cdots$$
$$\eta_{e-1}\eta_{k-1} = n^k f + m^k \eta_{e-1} + m_1^k \eta + m_2^k \eta_1 + \cdots + m_{e-1}^k \eta_{e-2}$$

が得られます．そこで，これらを加えると，

$$\begin{aligned}
&\eta\eta_k+\eta_1\eta_{k+1}+\eta_2\eta_{k+2}+\cdots+\eta_{e-1}\eta_{k-1}\\
&\quad=n^k ef+(m^k+m_1^k+m_2^k+\cdots+m_{e-1}^k)\times(\eta+\eta_1+\eta_2+\cdots+\eta_{e-1})\\
&\quad=n^k ef-m^k-m_1^k-m_2^k-\cdots-m_{e-1}^k\\
&\quad=n^k(\lambda-1)-f+n^k\\
&\quad=n^k\lambda-f
\end{aligned}$$

と計算が進みます．既述のように，n^k は，1° f が偶数で，しかも $k=0$ のときと，2° f が奇数で，しかも $k=\frac{1}{2}e$ のときに 1 になります．それゆえ，このような 2 通りの場合には，上記の和は $\lambda-f$ です．他の場合には $n^k=0$ ですから，この和は $-f$ になります．

第７章
方程式から合同式へ

係数 m_n^k に関するいろいろな等式

前回までのところで，二つの周期の積の総和の数値が求められました．今度は３個の周期の積の総和を作ってみます．二つの周期 η_r, η_{r+k} の積の表示式を取り上げて，η_{r+h} を乗じ，等式

$$\eta_r\eta_{r+k}\eta_{r+h}=n^k f\eta_{r+h}+m^k\eta_r\eta_{r+h}+m_1^k\eta_{r+1}\eta_{r+h}$$
$$+m_2^k\eta_{r+2}\eta_{r+h}+\cdots+m_{e-1}^k\eta_{r-1}\eta_{r+h}.$$

を作ります．そのうえで順次 $r=0,1,2,\cdots,e-1$ を代入していくと，次の e 個の等式が得られます．

$$\eta\eta_k\eta_h=n^k f\eta_h+m^k\eta\eta_h+m_1^k\eta_1\eta_h$$
$$+m_2^k\eta_2\eta_h+\cdots+m_{e-1}^k\eta_{e-1}\eta_h$$
$$\eta_1\eta_{k+1}\eta_{h+1}=n^k f\eta_{h+1}+m^k\eta_1\eta_{h+1}+m_1^k\eta_2\eta_{h+1}$$
$$+m_2^k\eta_3\eta_{h+1}+\cdots+m_{e-1}^k\eta\eta_{h+1}$$
$$\eta_2\eta_{k+2}\eta_{h+2}=n^k f\eta_{h+2}+m^k\eta_2\eta_{h+2}+m_1^k\eta_3\eta_{h+2}$$
$$+m_2^k\eta_4\eta_{h+2}+\cdots+m_{e-1}^k\eta_1\eta_{h+2}$$
$$\cdots\ \cdots$$
$$\eta_{e-1}\eta_{k-1}\eta_{h-1}=n^k f\eta_{h-1}+m^k\eta_{e-1}\eta_{h-1}+m_1^k\eta\eta_{h-1}$$
$$+m_2^k\eta_1\eta_{h-1}+\cdots+m_{e-1}^k\eta_{e-2}\eta_{h-1}$$

これらを加えると，

$$\begin{aligned}
&\eta\eta_k\eta_h+\eta_1\eta_{k+1}\eta_{h+1}+\eta_2\eta_{k+2}\eta_{h+2}+\cdots+\eta_{e-1}\eta_{k-1}\eta_{h-1}\\
&=n^k f(\eta_h+\eta_{h+1}+\eta_{h+2}+\cdots+\eta_{h-1})\\
&\quad+m^k(\eta\eta_h+\eta_1\eta_{h+1}+\eta_2\eta_{h+2}+\cdots+\eta_{e-1}\eta_{h-1})\\
&\quad+m_1^k(\eta_1\eta_h+\eta_2\eta_{h+1}+\eta_3\eta_{h+2}+\cdots+\eta\eta_{h-1})\\
&\quad+m_2^k(\eta_2\eta_h+\eta_3\eta_{h+1}+\eta_4\eta_{h+2}+\cdots+\eta_1\eta_{h-1})\\
&\quad+\cdots\ \cdots\\
&\quad+m_{e-1}^k(\eta_{e-1}\eta_h+\eta\eta_{h+1}+\eta_1\eta_{h+2}+\cdots+\eta_{e-2}\eta_{h-1})\\
&=-n^k f+m^k(n^h\lambda-f)+m_1^k(n^{h-1}\lambda-f)\\
&\quad+m_2^k(n^{h-2}\lambda-f)+\cdots+m_{e-1}^k(n^{h+1}\lambda-f)
\end{aligned}$$

となります．f が偶数のとき，$n^0=1$ であることと，$k\neq 0$ なら $n^k=0$ であることに留意して和の計算を続けると，

$$\begin{aligned}
&=-n^k f+\lambda m_h^k-(m^k+m_1^k+m_2^k+\cdots+m_{e-1}^k)f\\
&=-n^k f+\lambda m_h^k-(f-n^k)f=-f^2+\lambda m_h^k
\end{aligned}$$

となります．f が奇数のときは，$k=\frac{1}{2}e$ に対してのみ $n^k=1$ となり，他の k に対しては $n^k=0$ となるのでした．それゆえ，上記の和は，

$$=-n^k f+\lambda m_{h+\frac{1}{2}e}^k-(f-n^k)f=-f^2+\lambda m_{h+\frac{1}{2}e}^k$$

という簡明な形に帰着されます．

これらの等式において，文字 k と h を交換してもさしつかえないことに留意すると，f が偶数のときは，

$$m_h^k=m_k^h$$

となり，f が奇数のときは

$$m_{h+\frac{1}{2}e}^k=m_{k+\frac{1}{2}e}^h$$

となります．また，積 $\eta_r\eta_{r+k}$ の表示式において k を $e-k$ に，r を $r+k$ に取り換えても $\eta_r\eta_{r+k}$ は変りませんから，

$$m_h^k=m_{h-k}^{e-k}$$

ともなります．こんなふうにしていろいろな等式が手に入りました．

f 項周期の系列 $\eta_1, \eta_2, \eta_3, \cdots, \eta_{e-1}$ の観察

ここで方程式系 (A) に立ち返り，新たな議論に向いたいと思います．方程式(A)を再掲すると次のとおりです．

$$
\text{(A)}\begin{cases}
\eta^2 = nf + m\eta + m_1\eta_1 + m_2\eta_2 + \\
\qquad \cdots + m_{e-1}\eta_{e-1} \\
\eta\eta_1 = n^1 f + m^1\eta + m_1^1\eta_1 + m_2^1\eta_2 + \\
\qquad \cdots + m_{e-1}^1\eta_{e-1} \\
\eta\eta_2 = n^2 f + m^2\eta + m_1^2\eta_1 + m_2^2\eta_2 + \\
\qquad \cdots + m_{e-1}^2\eta_{e-1} \\
\cdots\ \cdots \\
\eta\eta_{e-1} = n^{e-1} f + m^{e-1}\eta + m_1^{e-1}\eta_1 \\
\qquad + m_2^{e-1}\eta_2 + \cdots + m_{e-1}^{e-1}\eta_{e-1}
\end{cases}
$$

この方程式系は e 個の方程式で構成されています．そこで e 個の周期 $\eta, \eta_1, \eta_2, \cdots, \eta_{e-1}$ を未知数と見ると，この方程式系によりこれらの周期は完全に決定されます．実際，$e-1$ 個の周期

$$\eta_1, \eta_2, \eta_3, \cdots, \eta_{e-1}$$

を消去すると，一番はじめの周期 η に関する e 次の整係数方程式が得られます．しかも，どの周期を一番はじめと見てもさしつかえないのですから，その方程式の根の全体は e 個の周期

$$\eta, \eta_1, \eta_2, \cdots, \eta_{e-1}$$

にほかならないことが諒解されます．クンマーはその方程式を

$$y^e - A_1 y^{e-1} + A_2 y^{e-2} - A_3 y^{e-3} + \cdots \pm A_e = 0$$

と表記しました．左辺の多項式を $F(y)$ で表すことにします．係

数 $A_1, A_2, \cdots, A_e$ はすべて整数で，e 個の周期 $\eta, \eta_1, \eta_2, \cdots, \eta_{e-1}$ の基本対称式として現れます．

もう少し観察を続けると，方程式系 (A) において，一番はじめの周期 η を既知として，他の周期 $\eta_1, \eta_2, \cdots, \eta_{e-1}$ を未知と見ると，周期 $\eta_1, \eta_2, \cdots, \eta_{e-1}$ に関する1次方程式系が浮上します．方程式の個数が e 個であるのに対し，未知数の個数は $e-1$ ですから方程式の個数がひとつ多くなっています．そこで，どれかひとつを捨てて，e 個の未知数に対する e 個の1次方程式を立ててこれを解くと，$\eta_1, \eta_2, \cdots, \eta_{e-1}$ は η により有理的に表示されることがわかります．この表示はさらに還元されます．

$\eta_1, \eta_2, \cdots, \eta_{e-1}$ のひとつ η_k を任意に選定すると，それは η の有理式として

$$\eta_k = \frac{g(\eta)}{h(\eta)}$$

という形に表されます．ここで $g(y), h(y)$ は整係数多項式ですが，η は上記の e 次方程式 $F(y)=0$ を満たしますから，$g(y)$ と $h(y)$ の次数は e より小さいとしておいてさしつかえありません．もし $h(y)$ の次数が1もしくは1より大きいなら，多項式 $F(y)$ を $h(y)$ で割り，

$$F(y) = G(y)h(y) + h_1(y)$$

という形に表示します．ここで，剰余項 $h_1(y)$ は整係数多項式で，その次数は $h(y)$ の次数より小さくなっています．また，$F(y)$ が二つの整係多項式に分解することはありませんから（多項式 $F(y)$ の既約性），$h_1(y)$ が消失するという事態は起りません．$F(\eta)=0$ より，$h(\eta) = -\dfrac{h_1(\eta)}{G(\eta)}$．よって，上記の η_k の表示式は

$$\eta_k = \frac{-G(\eta)g(\eta)}{h_1(\eta)}$$

という形に還元されます．右辺の分数式において，分子に見られる多項式 $-G(y)g(y)$ の次数は e より小さいとしておくことができます．このようしておいたうえで，もし分母の多項式 $h_1(y)$ の次数が 1 もしくは 1 より大きいなら，再び同様の変形手順を繰り返します．このように続けていくと，最後に

$$\eta_k = \frac{B + B_1\eta + B_2\eta^2 + B_3\eta^3 + \cdots + B_{e-1}\eta^{e-1}}{D}$$

という形の表示に到達します．ここで，$B, B_1, B_2, \cdots, B_{e-1}$ と D はすべて整数です．

f 項周期の多項式の周期による線型表示

クンマーはもうひとつ，「重要な定理」(クンマーの言葉)を付け加えました．それは，**周期 $\eta, \eta_1, \eta_2 \cdots, \eta_{e-1}$ の中から任意にいくつかを選ぶとき，それらの有理整関数はこれらの周期の 1 次式の形に表示される**という命題です．

方程式系 (A) により，任意の二つの周期の積は e 個の周期 $\eta, \eta_1, \eta_2, \cdots, \eta_{e-1}$ の 1 次式の形に表示されます．この手順を繰り返すと，任意個数の周期の積もまたそのような形に表示されることがわかります．それゆえ，いくつかの周期で作られる有理整関数はどれもみな

$$a\eta + a_1\eta_1 + a_2\eta_2 + \cdots + a_{e-1}\eta_{e-1}$$

というふうに，e 個の周期 $\eta, \eta_1, \eta_2, \cdots, \eta_{e-1}$ の 1 次式の形に表されます．しかも，この表示は一意的です．言い換えると，このような表示はただひととおりの仕方で可能です．実際，もうひとつの同じ形の表示

$$b\eta + b_1\eta_1 + b_2\eta_2 + \cdots + b_{e-1}\eta_{e-1}$$

があったとして，「同時に $a=b$, $a_1=b_1$, $a_2=b_2, \cdots, a_{e-1}=b_{e-1}$」となることはないとします．すると，等式

$$a\eta+a_1\eta_1+a_2\eta_2+\cdots+a_{e-1}\eta_{e-1}$$
$$=b\eta+b_1\eta_1+b_2\eta_2+\cdots+b_{e-1}\eta_{e-1}$$

が成立し，これより，恒等的に0となることのない等式

$$(a-b)\eta+(a_1-b_1)\eta_1+\cdots+(a_{e-1}-b_{e-1})\eta_{e-1}=0$$

が現れます．左辺に見られる周期を方程式

$$1+\alpha+\alpha^2+\cdots+\alpha^{\lambda-1}=0$$

の根を用いて表示し，そののちに α で割ると，α を根にもつ $\lambda-2$ 次の整係数代数方程式が得られます．ところが，このようなことはありえません．これで，同時に $a=b$, $a_1=b_1$, $a_2=b_2$, $\cdots, a_{e-1}=b_{e-1}$ となるほかはないことが明らかになりました．

合同の概念を拡張する

周期

$$\eta, \eta_1, \eta_2, \cdots, \eta_{e-1}$$

を連繫する有理方程式には「ある非常に重要な性質」が備わっていると，クンマーは指摘しました．どのような性質かというと，そのような有理方程式をある特定の種類の法に対する合同式とみなすとき，つねに整数解が与えられるという事実です．その結果，周期の各々に対してある整数が対応することになります．これにより周期を見る二通りの視点が定まります．ひとつは提示された方程式の根と見る視点，もうひとつは対応する合同式の根と見る視点です．方程式が提示されたなら合同式へと移動し，方程式の根としての周期と合同式の根としての周期の間に密接な対応が認められることになりますが，この対応を土台にして複素数の因子，わけても素因子を研究しようというのがク

ンマーのアイデアです．

しばらく予備的考察が続きます．まずはじめにクンマーは合同の定義を大きく押し広げました．

周期 $\eta, \eta_1, \eta_2, \cdots, \eta_{e-1}$ の二つの整係数有理整関数が与えられたとして，それらの差を

$$a\eta+a_1\eta_1+a_2\eta_2+\cdots+a_{e-1}\eta_{e-1}$$

という形に還元する．このとき，もしすべての係数 $a, a_1, a_2, \cdots, a_{e-1}$ がある与えられた整数で割り切れるなら，はじめに提示された二つの有理整関数はその整数を法として合同であるという．

この定義によれば，f 項周期を含む合同式を考えるということは，有理整数に対する e 個の合同式を考えることと同じことになります．

出発点を作る

周期方程式から周期合同式への移行にあたり，クンマーは次の周知の命題から出発しました．

q は奇素数とし，q 個の因子 $z, z-1, z-2, \cdots, z-q+1$ の積を展開して

$$z(z-1)(z-2)\cdots(z-q+1)=z^q-b_1z^{q-1}+b_2z^{q-2}-\cdots+b_{q-1}z$$

と置くとき，係数 $b_1, b_2, b_3, \cdots, b_{q-1}$ は，最後の b_{q-1} を除いて，すべて q で割り切れる．b_{q-1} については，これを q で割ると -1 が余る．

この命題の証明はフェルマの小定理に基づいています．有理整関数 $\varphi(z)=z^{q-1}-1$ に対し，合同式

$$\varphi(z)\equiv 0 \pmod{q}$$

を考えると，フェルマの小定理により，この合同式は $q-1$ 個の根

$$\alpha_1=1,\ \alpha_2=2,\ \alpha_3=3,\cdots,\alpha_{q-1}=q-1$$

をもつことがわかります．$\varphi(z)$ は $z-\alpha_1$ で割りきれますから，商を $\varphi_1(z)$ と表記すると，等式

$$\varphi(z)=(z-\alpha_1)\varphi_1(z)$$

が成立します．z のところに α_2 を代入すると，$\varphi(\alpha_2)=(\alpha_2-\alpha_1)\varphi_1(\alpha_2)$ となりますが，$\varphi(\alpha_2)\equiv 0 \pmod{q}$ ですから，$(\alpha_2-\alpha_1)\varphi_1(\alpha_2)\equiv 0 \pmod{q}$ となります．そうして $\alpha_2-\alpha_1$ は q で割り切れませんから，$\varphi_1(\alpha_2)\equiv 0 \pmod{q}$ となります．$\varphi_1(z)$ を $z-\alpha_2$ で割り，商を $\varphi_2(z)$，余りを r_2 と表記して，

$$\varphi_1(z)=(z-\alpha_2)\varphi_2(z)+r_2$$

とすると，$r_2=\varphi_1(\alpha_2)$．よって，$r_2\equiv 0 \pmod{q}$ となることがわかります．そこで r_2 を q で割るときの商を u_2 として $r_2=u_2q$ とします．

$\varphi_1(z)$ を $\varphi(z)=(z-\alpha_1)\varphi_1(z)$ に代入すると，

$$\begin{aligned}\varphi(z)&=(z-\alpha_1)\{(z-\alpha_2)\varphi_2(z)+r_2\}\\&=(z-\alpha_1)(z-\alpha_2)\varphi_2(z)+u_2(z-\alpha_1)q\end{aligned}$$

という形になります．z のところに α_3 を代入すると，$\varphi(\alpha_3)=(\alpha_3-\alpha_1)(\alpha_3-\alpha_2)\varphi_2(\alpha_3)+u_2(\alpha_3-\alpha_1)q\equiv 0 \pmod{q}$ ですから，$(\alpha_3-\alpha_1)(\alpha_3-\alpha_2)\varphi_2(\alpha_3)\equiv 0 \pmod{q}$ ともなります．ところが $(\alpha_3-\alpha_1)(\alpha_3-\alpha_2)$ が q で割り切れることはありませんから，$\varphi_2(\alpha_3)\equiv 0 \pmod{q}$ となることがわかります．そこで $\varphi_2(z)$ を $z-\alpha_3$ で割り，商を $\varphi_3(z)$，余りを r_3 で表して，

$$\varphi_2(z)=(z-\alpha_3)\varphi_3(z)+r_3$$

と置くと，$r_3=\varphi_2(\alpha_3)$ により r_3 は q で割り切れます．そこで $r_3=u_3q$ と置くと，$\varphi(z)$ は

$$\varphi(z)=(z-\alpha_1)(z-\alpha_2)\{(z-\alpha_3)\varphi_3(z)+u_3q\}+u_2(z-\alpha_1)q$$
$$=(z-\alpha_1)(z-\alpha_2)(z-\alpha_3)\varphi_3(z)+\{u_3(z-\alpha_1)(z-\alpha_2)+u_2(z-\alpha_1)\}q$$

という形に表されます．ここから先も同様の手順を続けていくと，最後に，

$$\varphi(z)=(z-\alpha_1)(z-\alpha_2)\cdots(z-\alpha_{q-1})+q\psi(z)$$

という形の表示に到達します．ここで，$\psi(z)$ は z の整係数多項式を表しています．これで，等式

$$z^{q-1}-1=(z-1)(z-2)\cdots(z-q+1)+q\psi(z)$$
$$=z^{q-1}-b_1z^{q-2}+b_2z^{q-3}-\cdots+b_{q-1}+q\psi(z)$$

が得られました．これより，$q-2$ 次の合同式

$$-b_1z^{q-2}+b_2z^{q-3}-\cdots+b_{q-1}+1\equiv 0 \ (\text{mod}.q).$$

が生じますが，この合同式は相異なる $q-1$ 個の根をもちますから，恒等的に満たされるほかはありません．言い換えると，法 q に関して $b_1\equiv 0,\ b_2\equiv 0,\cdots,b_{q-2}\equiv 0$，および $b_{q-1}\equiv -1$ (mod.q) となることがわかります．これで命題が証明されました．

もう少し言い添えると，$b_{q-1}=(q-1)!$ ですから，合同式

$$(q-1)!\equiv -1 \ (\text{mod}.q)$$

が成立します．これは**ウィルソンの定理**という呼び名で知られている命題です．

方程式から合同式へ

前節の命題により得られた等式

$$z(z-1)(z-2)\cdots(z-q+1)=z^q-b_1z^{q-1}+b_2z^{q-2}-\cdots+b_{q-1}z$$

において，y は整数として

$$z=y-\eta_k$$

を代入し，q で割り切れる諸項を削除すると，合同式

$$(y-\eta_k)(y-1-\eta_k)(y-2-\eta_k)\cdots(y-q+1-\eta_k)$$
$$\equiv (y-\eta_k)^q-(y-\eta_k) \pmod{q}$$

が得られます．2項式 $(y-\eta_k)^q$ を展開すると，初項 y^q と最後の項 η_k^q を除いて，他の項はすべて q で割り切れますから，合同式

$$(y-\eta_k)^q \equiv y^q-\eta_k^q \pmod{q}$$

が成立します．

同様に，多項式

$$\eta_k=\alpha^{\gamma^k}+\alpha^{\gamma^{k+e}}+\alpha^{\gamma^{k+2e}}+\cdots+\alpha^{\gamma^{k+(f-1)e}}$$

の q 次の冪を作り，q で割り切れる項をすべて除去すると，合同式

$$\eta_k^q\equiv\alpha^{q\gamma^k}+\alpha^{q\gamma^{k+e}}+\alpha^{q\gamma^{k+2e}}+\cdots+\alpha^{q\gamma^{k+(f-1)e}} \pmod{q}$$

が得られます．ここで，$q\equiv\gamma^r \pmod{\lambda}$ と置くと，

$$\eta_k^q\equiv\eta_{k+r} \pmod{q}$$

となります．

最後に，フェルマの小定理により，

$$y^q\equiv y \pmod{q}$$

となりますから，

$$\begin{aligned}(y-\eta_k)(y-1-\eta_k)(y-2-\eta_k)\cdots(y-q+1-\eta_k)&\equiv(y-\eta_k)^q-(y-\eta_k)\\&\equiv y^q-\eta_k^q-(y-\eta_k)\\&\equiv\eta_k-\eta_k^q\\&\equiv\eta_k-\eta_{k+r} \pmod{q}\end{aligned}$$

と計算が進みます．ここで，素数 q を，冪指数 r が e の倍数になるように選びます．言い換えると，

$$q\equiv\gamma^{re} \pmod{\lambda}$$

となるように選定します．これは，

$$q^f\equiv 1 \pmod{\lambda}$$

と同じことになります．実際，$q\equiv\gamma^{re} \pmod{\lambda}$ なら，$\lambda-1=ef$ より $q^f\equiv 1 \pmod{\lambda}$ となることは明白です．逆に，$q\equiv\gamma^r \pmod{\lambda}$ に対して $q^f\equiv 1 \pmod{\lambda}$ となるとすると，

$\gamma^{rf} \equiv 1 \pmod{\lambda}$．これより rf は $\lambda-1=ef$ の倍数であることがわかり，そこから r は e の倍数であることが帰結します．このように q を定めると，$\eta_{k+re}=\eta_k$ により，合同式

$$(y-\eta_k)(y-1-\eta_k)(y-2-\eta_k)\cdots(y-q+1-\eta_k) \equiv 0 \pmod{q}$$

が成立します．左辺の積は q 個の因子で作られていて，$k=0,1,2,\cdots,e-1$ の各々に対して q 個の因子が現れます．それらを書き並べると次のとおりです．

$$\begin{array}{lllll}
y-\eta, & y-1-\eta, & y-2-\eta, & \cdots & y-q+1-\eta \\
y-\eta_1, & y-1-\eta_1, & y-2-\eta_1, & \cdots & y-q+1-\eta_1 \\
y-\eta_2, & y-1-\eta_2, & y-2-\eta_2, & \cdots & y-q+1-\eta_2 \\
\cdots, & \cdots, & \cdots, & \cdots, & \cdots \\
y-\eta_{e-1}, & y-1-\eta_{e-1}, & y-2-\eta_{e-1}, & \cdots & y-q+1-\eta_{e-1}
\end{array}$$

第1行には $k=0$ に対応する積の因子が配列され，第2行には $k=1$ に対応する積の因子が配列されています．以下も同様に続けて，最後の第 e 行には $k=e-1$ に対応する積の因子が並んでいます．第1列の e 個の因子の積

$$(y-\eta)(y-\eta_1)(y-\eta_2)\cdots(y-\eta_{e-1})$$

を作り，これを $\varphi(y)$ で表すと，第2列の e 個の因子の積は $\varphi(y-1)$，第3列の e 個の因子の積は $\varphi(y-2)$ となります．以下も同様で，最後の第 q 列の e 個の因子の積は $\varphi(y-q+1)$ となります．これらの $\varphi(y)$, $\varphi(y-1)$, $\varphi(y-2),\cdots$, $\varphi(y-q+1)$ の積は，上記の表に縦横に並ぶ $e\times q$ 個の因子のすべての積を表していて，しかも合同式

$$\varphi(y)\varphi(y-1)\varphi(y-2)\cdots\varphi(y-q+1) \equiv 0 \pmod{q^e}$$

が成立します．クンマーはこの合同式を観察し，そこから

合同式

$$\varphi(y) \equiv 0 \pmod{q}$$

は e 個の実根をもつ．

という結論を導きました．

$\varphi(y)$ は有理整数を係数にもつ次数 e の多項式です．それを

$$\varphi(y)=y^e-A_1y^{e-1}+A_2y^{e-2}-\cdots\pm A_e$$

と表記して，方程式

$$y^e-A_1y^{e-1}+A_2y^{e-2}-\cdots\pm A_e=0$$

を書くと，その根は e 個の周期 $\eta,\eta_1,\eta_2,\cdots,\eta_{e-1}$ です．ここまでのところで次に挙げる事柄が明らかになりました．

> q は条件
>
> $$q^f\equiv 1\ (\mathrm{mod}.\lambda)$$
>
> を満たす素数とし，f 項周期を根にもつ次数 e の方程式を法 q に関する合同式として取り上げると，その合同式はつねに e 個の実根をもつ．

方程式の根と合同式の根

クンマーは方程式系(A)と類似の合同式系(B)を次のように作りました．q は条件 $q^f\equiv 1\ (\mathrm{mod}.\lambda)$ を満たす素数です．

$$(\mathrm{B})\begin{cases} uu\equiv nf+mu+m_1u_1+m_2u_2+\\ \qquad\cdots+m_{e-1}u_{e-1}\\ uu_1\equiv n^1f+m^1u+m_1^1u_1+m_2^1u_2+\\ \qquad\cdots+m_{e-1}^1u_{e-1}\\ uu_2\equiv n^2f+m^2u+m_1^2u_1+m_2^2u_2+\\ \qquad\cdots+m_{e-1}^2u_{e-1}\\ \cdots\ \cdots\\ uu_{e-1}\equiv n^{e-1}f+m^{e-1}u+m_1^{e-1}u_1\\ \qquad+m_2^{e-1}u_2+\cdots+m_{e-1}^{e-1}u_{e-1}\end{cases}\quad(\mathrm{mod}.q)$$

e 個の未知数

$$u, u_1, u_2, \cdots, u_{e-1}$$

のうちの $e-1$ 個を消去すると，次数 e の合同式が生じますが，それは e 個の f 項周期を根にもつ方程式と完全に同じ形で，

$$y^e - A_1 y^{e-1} + A_2 y^{e-2} - \cdots \pm A_e \equiv 0 \pmod{q}$$

となります．先ほど観察したように，この合同式は e 個の実根をもちますから，それらを未知数

$$u, u_1, u_2, \cdots, u_{e-1}$$

の値として割り当てることができます．これで，合同式系(B)はつねに実整数により解けることがわかりました．しかもこれらの値はそれぞれ方程式系(A)の根 $\eta, \eta_1, \eta_2, \cdots, \eta_{e-1}$ に対応しています．

注意事項がひとつ．上記の合同の諸根のうち，一番はじめのものとしてどれを選んでもさしつかえありませんが，一番はじめのものをひとたび定めたなら，第2番目，第3番目，・・・の根を任意に選定することはできません．なぜなら，これらの根の配列順は合同式系(B)によりおのずと定められるからです．

方程式系(A)と合同式系(B)が同型であることに留意すると，次の命題が得られます．

周期(方程式系(A)の根)の有理整関数のみしか含まない方程式において，周期の $\eta, \eta_1, \eta_2, \cdots, \eta_{e-1}$ の各々を，それらに対応して定まる $u, u_1 u_2, \cdots, u_{e-1}$ の値(合同式系(B)を満たす整数)に置き換えると，合同式が与えられる．

たとえば，前に見たように，周期を連繋する方程式

$$\eta + \eta_1 + \eta_2 + \cdots + \eta_{e-1} = -1$$

が成立します．そこで，ここから合同式

$$u+u_1+u_2+\cdots+u_{e+1}\equiv -1 \ (\mathrm{mod}.q)$$

が取り出されます．また，周期の間には，

$$\eta\eta_k+\eta_1\eta_{k+1}+\eta_2\eta_{k+2}+\cdots+\eta_{e-1}\eta_{k-1}=n^k\lambda-f$$

という方程式が成立することも既出です．ここから合同式

$$uu_k+u_1u_{k+1}+u_2u_{k+2}+\cdots+u_{e-1}u_{k-1}\equiv n^k\lambda-f \ (\mathrm{mod}.q)$$

が導かれます．係数 n^k は，f が偶数で，しかも $k=0$ の場合と，f が奇数で，$k=\frac{1}{2}e$ の場合を除いて 0 ですが，除外された 2 通りの場合には 1 になります．

第8章
複素数のノルムの素因子の探索

周期の作る整係数有理整関数の素因子をめぐって

クンマーの論文「1の冪根と整数で作られる複素数の理論」の第4章は「任意の複素数のノルムの素因子」と題されています．複素数のノルムの考察に糸口を求めて，クンマーは理想素因子の認識へと歩を進めていこうとしています．

f 項周期の作る整係数有理整関数，すなわち，周期を含む複素数は，1個の周期，たとえば一番はじめの f 項周期 η を用いて表示されますから，これを $\mathrm{F}(\eta)$ と表記することにします．同様に，$\mathrm{F}(\eta)$ において，周期

$$\eta, \eta_1, \eta_2, \cdots, \eta_{e-1}$$

を対応する合同式の根

$$u, u_1, u_2, \cdots, u_{e-1}$$

に置き換えて生じる整数を $\mathrm{F}(u)$ で表すことにします．あるいはまた，合同式の根

$$u_r, u_{r+1}, u_{r+2}, \cdots, u_{r-1}$$

のそれぞれに対応する周期

$$\eta, \eta_1, \eta_2, \cdots, \eta_{e-1}$$

をとることにするなら，$\mathrm{F}(\eta)$ に対応する整数は $\mathrm{F}(u_r)$ と表され

ます．

F(η) はただひとつの f 項周期を含む複素数ですが，他方，F(η) は

$$\mathrm{F}(\eta)=a\eta+a_1\eta_1+a_2\eta_2+\cdots+a_{e-1}\eta_{e-1}$$

と周期の1次式の形に表示されます．ここで，係数 $a, a_1, a_2, \cdots, a_{e-1}$ は有理整数です．このように表示するとき，F(η) が有理整数 q で割り切れるための必要十分条件は，q が係数 $a, a_1, a_2, \cdots, a_{e-1}$ の公約数であることです．

クンマーはいくつかの複素数の積の形で与えられる複素数について，それを割り切る有理整数を見つけようとしています．そのために上記の必要十分条件を適用するのは一案ではありますが，実際に積の計算を遂行するのは非常に骨の折れる作業になりますから，この方法は適用できないというのがクンマーの所見です．そこで，ある複素数がある有理整数で割り切れるために満たすべき別の条件の探索が要請されることになり，クンマーは次の定理を提示しました．

q は合同式

$$q^f \equiv 1 \ (\mathrm{mod.}\,\lambda)$$

を満たす有理素数とする．f 項周期の作る整係数有理整関数が q で割り切れるなら，この有理整関数において，周期を類似の合同式の根に置き換えて得られる e 個の整数はすべて q で割り切れる．逆に，これらの e 個の整数がすべて q で割り切れるなら，ここで取り上げている有理整関数もまた q で割り切れる．

諸記号を用いてこの定理を表示すると，次のようになります．

q は合同式

$$q^f \equiv 1 \pmod{\lambda}$$

を満たすとして，合同式

$$\mathrm{F}(\eta) \equiv 0 \pmod{q}$$

が成立するとすると，そのことから合同式

$$\mathrm{F}(u) \equiv 0,\ \mathrm{F}(u_1) \equiv 0,\ \mathrm{F}(u_2) \equiv 0, \cdots,\ \mathrm{F}(u_{e-1}) \equiv 0 \pmod{q}$$

が導かれる．逆に，合同式

$$\mathrm{F}(u) \equiv 0,\ \mathrm{F}(u_1) \equiv 0,\ \mathrm{F}(u_2) \equiv 0, \cdots,\ \mathrm{F}(u_{e-1}) \equiv 0 \pmod{q}$$

が成立するなら，そのことから合同式

$$\mathrm{F}(\eta) \equiv 0 \pmod{q}$$

が導かれる．

この定理の証明をめざして，$\mathrm{F}(\eta)$ を e 個の f 項周期の 1 次式として

$$\mathrm{F}(\eta) = a\eta + a_1\eta_1 + a_2\eta_2 + \cdots + a_{e-1}\eta_{e-1}$$

という形に表示します．e 個の f 項周期 $\eta, \eta_1, \eta_2, \cdots, \eta_{e-1}$ の第 1 項を順次取り換えていくと，等式

$$\mathrm{F}(\eta_1) = a\eta_1 + a_1\eta_2 + a_2\eta_3 + \cdots + a_{e-1}\eta$$
$$\mathrm{F}(\eta_2) = a\eta_2 + a_1\eta_3 + a_2\eta_4 + \cdots + a_{e-1}\eta_1$$
$$\cdots\cdots\cdots\cdots$$
$$\mathrm{F}(\eta_{e-1}) = a\eta_{e-1} + a_1\eta + a_2\eta_1 + \cdots + a_{e-1}\eta_{e-2}$$

もまた成立します．クンマーはこれらの e 個の等式を e 個の係数 $a, a_1, a_2, \cdots, a_{e-1}$ に関する 1 次方程式系と見て，係数の表示を得ています．基礎となるのは二つの周期の積の和を与える既述の等式

$$\eta\eta_k + \eta_1\eta_{k+1} + \eta_2\eta_{k+2} + \cdots + \eta_{e-1}\eta_{k-1} = n^k\lambda - f$$

です．この等式を念頭に置いて計算すると，

$$(\eta_k - f)\mathrm{F}(\eta) + (\eta_{k+1} - f)\mathrm{F}(\eta_1) + \cdots + (\eta_{k-1} - f)\mathrm{F}(\eta_{e-1})$$
$$= \eta_k \mathrm{F}(\eta) + \eta_{k+1}\mathrm{F}(\eta_1) + \cdots + \eta_{k-1}\mathrm{F}(\eta_{e-1})$$
$$- f(\mathrm{F}(\eta) + \mathrm{F}(\eta_1) + \cdots + \mathrm{F}(\eta_{e-1}))$$
$$= a(\eta\eta_k + \eta_1\eta_{k+1} + \cdots + \eta_{e-1}\eta_{k-1})$$
$$+ a_1(\eta_1\eta_k + \eta_2\eta_{k+1} + \cdots + \eta\eta_{k-1}) + \cdots$$
$$+ a_{e-1}(\eta_{e-1}\eta_k + \eta\eta_{k+1} + \cdots + \eta_{e-2}\eta_{k-1})$$
$$- f(a + a_1 + \cdots + a_{e-1})(\eta + \eta_1 + \cdots + \eta_{e-1}).$$

ここで，$\eta + \eta_1 + \cdots + \eta_{e-1} = -1$ より，

$$(\eta_k - f)\mathrm{F}(\eta) + (\eta_{k+1} - f)\mathrm{F}(\eta_1) + \cdots + (\eta_{k-1} - f)\mathrm{F}(\eta_{e-1})$$
$$= a(n^k\lambda - f) + a_1(n^{k-1}\lambda - f) + a_2(n^{k-2}\lambda - f) + \cdots$$
$$\cdots + a_{e-1}(n^{k+1}\lambda - f) + f(a + a_1 + \cdots + a_{e-1})$$
$$= \lambda(an^k + a_1 n^{k-1} + a_2 n^{k-2} + \cdots + a_{e-1} n^{k+1})$$

と計算が進みます．n^k はほとんどの k に対して 0 ですが，0 ではない二通りの場合がありました．まず f が偶数の場合には $k=0$ に対応する n^k は 1，言い換えると $n=1$ となります ($n=n^0$ と見ています)．それゆえ，上記の等式により，

$$\lambda a_k = (\eta_k - f)\mathrm{F}(\eta) + (\eta_{k+1} - f)\mathrm{F}(\eta_1) + \cdots + (\eta_{k-1} - f)\mathrm{F}(\eta_{e-1})$$

となることがわかります．

次に，f が奇数の場合には e は偶数になりますが，$k=\frac{e}{2}$ に対応する n^k のみが 1 になります．それゆえ，

$$\lambda a_{k+\frac{e}{2}} = (\eta_k - f)\mathrm{F}(\eta) + (\eta_{k+1} - f)\mathrm{F}(\eta_1) + \cdots$$
$$\cdots + (\eta_{k-1} - f)\mathrm{F}(\eta_{e-1})$$

となります ($a_{k+\frac{e}{2}}$ は $a_{k-\frac{e}{2}}$ と同じです)．

クンマーはこれらの等式を基礎にして上記の定理を証明しています．等式

$$\mathrm{F}(\eta_r) = a\eta_r + a_1\eta_{r+1} + a_2\eta_{r+2} + \cdots + a_{e-1}\eta_{r-1}$$

において，f 項周期根 $\eta_r, \eta_{r+1}, \eta_{r+2}, \cdots, \eta_{r-1}$ の各々を対応する合

同式の根 $u_r, u_{r+1}, u_{r+2}, \cdots, u_{r-1}$ で置き換えると，等式は合同式に移行して，

$$\mathrm{F}(u_r) \equiv a u_r + a_1 u_{r+1} + a_2 u_{r+2} + \cdots + a_{e-1} u_{r-1} \pmod{q}$$

となります．$\mathrm{F}(\eta)$ が q で割り切れるとすれば，そのとき係数 $a, a_1, a_2, \cdots, a_{e-1}$ もまた q で割り切れます．したがって，すべての数値

$$r = 0, 1, 2, \cdots, e-1$$

に対し，数 $\mathrm{F}(u_r)$ は q で割り切れます．この逆の状況を考えるために,「周期のみを含む等式において，各々の周期を対応する合同式の根に置き換えると，等式は合同式に移行する」という手順を適用すると, f が偶数のときは合同式

$$\lambda a_k \equiv (u_k - f)\mathrm{F}(u) + (u_{k+1} - f)\mathrm{F}(u_1) + \cdots$$
$$\cdots + (u_{k-1} - f)\mathrm{F}(u_{e-1}) \pmod{q}$$

が得られ, f が奇数のときは合同式

$$\lambda a_{k+\frac{e}{2}} \equiv (u_k - f)\mathrm{F}(u) + (u_{k+1} - f)\mathrm{F}(u_1) + \cdots$$
$$\cdots + (u_{k-1} - f)\mathrm{F}(u_{e-1}) \pmod{q}$$

が得られます．それゆえ，もし

$\mathrm{F}(u) \equiv 0,\ \mathrm{F}(u_1) \equiv 0,\ \cdots,\ \mathrm{F}(u_{e-1}) \equiv 0 \pmod{q}$

となるなら，すべての数値

$$k = 0, 1, 2, \cdots, e-1$$

に対し，

$$a_k \equiv 0 \pmod{q}$$

となります．ところが，これは，

$$\mathrm{F}(\eta) \equiv 0 \pmod{q}$$

ということにほかなりません．これで定理が証明されました．

f 項周期で作られる複素数のノルムを割り切る素数の探索

複素数 $\mathrm{F}(\eta)$ は円周等分方程式の単純根 α, $\alpha^{\gamma}, \alpha^{\gamma^2}, \cdots$ を含まず, f 項周期のみで作られているとします. **周期に関してとられた $\mathrm{F}(\eta)$ のノルム**というのは, e 個の因子

$$\mathrm{F}(\eta), \mathrm{F}(\eta_1), \mathrm{F}(\eta_2), \cdots, \mathrm{F}(\eta_{e-1})$$

の積のことです. $\mathrm{F}(\eta)$ のノルムというと, もうひとつ, 周期に含まれる根 α のさまざまな値に関してとられたノルムも考えられます. このノルムは $\lambda-1 \equiv ef$ 個の因子で作られていますが, 容易に諒解されるように, それらの因子は f 個ずつ等しくなりますから, このノルムは周期に関してとられたノルムの f 乗です. 前に根に関してとられたノルムを考察したときは, 文字 N によりノルムを表しました. ここでは周期に関してとられたノルムを考えますが, それを前と同じ文字 N で表しても混乱する恐れはないとクンマーは宣言し, この意味でのノルムを

$$\mathrm{NF}(\eta) = \mathrm{F}(\eta)\mathrm{F}(\eta_1)\mathrm{F}(\eta_2)\cdots\mathrm{F}(\eta_{e-1})$$

と表記しました. ここで周期を合同式の根に置き換えると, 合同式

$$\mathrm{NF}(\eta) \equiv \mathrm{F}(u)\mathrm{F}(u_1)\mathrm{F}(u_2)\cdots\mathrm{F}(u_{e-1}) \pmod{q}$$

が得られます. この合同式により, 次の定理が与えられます.

> f 項周期のみで作られる複素数 $\mathrm{F}(\eta)$ のノルムが q で割り切れるなら, 数
>
> $$\mathrm{F}(u), \mathrm{F}(u_1), \mathrm{F}(u_2), \cdots, \mathrm{F}(u_{e-1})$$
>
> のひとつが q で割り切れる. 逆に, これらの数のひとつが q で割り切れるなら, q は $\mathrm{F}(\eta)$ のノルムの因子である.

単純根で作られる複素数のノルムが素因子λをもつための条件

方程式

$$1+\alpha+\alpha^2+\cdots+\alpha^{\lambda-1}=0$$

の根で作られる任意の複素数$f(\alpha)$について，クンマーはそのノルムが与えられた素因子をもつために必要な条件を探究しています．指定された素数がλの場合には，すでに条件のひとつが得られています．前に観察したことを再現すると，$f(\alpha)$を

$$f(\alpha)=a+a_1\alpha+a_2\alpha^2+\cdots+a_{\lambda-2}\alpha^{\lambda-2}$$

と表示するとき，合同式

$$\mathrm{N}f(\alpha)\equiv(a+a_1+a_2+\cdots+a_{\lambda-2})^{\lambda-1}\ (\mathrm{mod.}\,\lambda)$$

が成立します(第2章参照)．それゆえ，ノルム$\mathrm{N}f(\alpha)$が因子λをもつためには，和$a+a_1+a_2+\cdots+a_{\lambda-2}$が$\lambda$で割り切れなければなりませんし，この逆のことも成立します．

ガウスのD.A.より

λについてはこれでよいとして，λ以外の素数の考察にあたり，クンマーはガウスの著作D.A.こと『アリトメチカ研究』の第52条を参照するように指示しています．D.A.の該当箇所は第3章「冪剰余」に所属し，第52条から第56条までの5条には「数$p-1$のある与えられた約数に等しい項数をもつ周期に対応する数の個数」という小見出しが附されています．ここで，pは奇素数です．

フェルマの小定理によれば，pで割り切ることのできない数はどれも，$p-1$次の冪を作れば法pに関して1と合同になりますが，冪指数を$p-1$まで高めなくても，より小さい冪指数の冪を

作った時点で早々に1と合同になることもあります．その際，「より小さい冪指数」というのは必ず $p-1$ の約数になります．ガウスは奇素数 $p=19$ を例にとって説明しています． $p-1=18$ の約数は1，2，3，6，9，18の6個です．これらの約数を基準にして1から18までの18個の数を分類するのですが，たとえば2は18乗してはじめて19を法にして1と合同になりますから，2は18に所属するということにします．これを言い換えると，2は冪指数18に所属する原始根ということにほかなりません．3，10，13，14，15も原始根ですから，18に所属します．4についてはどうかというと，次々と4の冪を作っていって，そのつど19に関する正の最小剰余を求めると，19を法として，

$$4^2 \equiv 16,\ 4^3 \equiv 7,\ 4^4 \equiv 9,\ 4^5 = 17,$$
$$4^6 \equiv 11,\ 4^7 \equiv 6,\ 4^8 \equiv 5,\ 4^9 \equiv 1$$

となり，9乗してはじめて1と合同になることがわかります．そこで4は冪指数9に所属させることにします．他の数についても同様に確かめて，18個の数が分類されます．次に挙げる表はD.A. に見られるもので，この分類を示しています．

1	1.
2	18.
3	7, 11.
6	8, 12.
9	4, 5, 6, 9, 16, 17.
18	2, 3, 10, 13, 14, 15.

p と異なるどのような素数 q も，p を法として1から $p-1$ までのいずれかの数 q_1 と合同になりますが，ガウスの分類によると q_1 は $p-1$ のある約数 f に所属し，$q^f \equiv q_1^f \equiv 1 \pmod{p}$ となります．たとえば，$p=19$ とし，19と異なる素数 $q=23$ を考えると，19を法として $23 \equiv 4$ ですから，上記の表により23は冪指数9に所属することがわかります．

それゆえ，p と異なる任意の素数を考えるというのは，$p-1$ のある約数に所属する素数を考えるということにほかなりません．

単純根で作られる複素数のノルムを割り切る素数の探索

ガウスは奇素数を p と表記していますが，クンマーは文字 λ を用いました．奇素数 λ に対応する円周等分方程式の根 α を用いて複素数 $f(\alpha)$ を作り，そのノルムのさまざまな素因子を考えていくうえで，クンマーはガウスのアイデアを借りて，$\lambda-1$ の約数を基準にして素因子を分類しようとしています．

f は $\lambda-1$ の約数として，これまでもそうしてきたように，$\lambda-1=ef$ とします．素数 q は合同式

$$q^f \equiv 1 \ (\mathrm{mod.}\,\lambda)$$

を満たすとします．これもこれまでと同様ですが，ここでクンマーは，q は冪指数 f に所属するという条件を課しました．したがって，f よりも小さい冪指数をとって q の冪を作っても，決して法 λ に関して 1 と合同になることはないことになります．ガウスが明らかにしたように，このような素数は必ず存在します．

γ は λ の原始根，言い換えると冪指数 $\lambda-1$ に属する数とすると，q は法 λ に関して γ のある冪と合同になりますが，その冪の冪指数は e の倍数です．実際，$q \equiv \gamma^k (\mathrm{mod.}\,\lambda)$ とすると，$q^f \equiv \gamma^{fk} \equiv 1 (\mathrm{mod.}\,\lambda)$ となりますが，γ は λ の原始根ですから，fk は $\lambda-1=ef$ の倍数です．そこで $fk=ref$ と置くと $k=re$ となり，k は e の倍数であることがわかります．それゆえ，合同式

$$q \equiv \gamma^{re} \ (\mathrm{mod.}\,\lambda)$$

が成立します．

さらに，r は f と素，言い換えると，r と f は公約数をもちま

せん．実際，公約数 n をもつとして，

$$r = nr',\ f = nf'$$

と置くと，

$$q^{f'} \equiv \gamma^{nr'ef'} \equiv \gamma^{r'(\lambda-1)} \equiv 1 \pmod{\lambda}$$

となります．したがって，f よりも小さい冪指数 f' の q の冪が 1 と合同になることになりますが，これは q が冪指数 f に属するということに反しています．これで r は f と素であることがわかりました．

このように準備を整えたうえで，複素数

$$f(\alpha) = a + a_1\alpha + a_2\alpha^2 + a_3\alpha^3 + \cdots + a_{\lambda-2}\alpha^{\lambda-2}$$

の q 次の冪を作り，q で割り切れる項をすべて削除すると，合同式

$$f(\alpha)^q \equiv a^q + a_1^q\alpha^q + a_2^q\alpha^{2q} + \cdots + a_{\lambda-2}^q\alpha^{(\lambda-2)q} \pmod{q}$$

が得られます．フェルマの小定理により，

$$a^q \equiv a \pmod{q}.$$

また，同じくフェルマの小定理により，すべての $k = 1, 2, \cdots, \lambda-2$ に対して

$$a_k^q \equiv a_k \pmod{q}$$

となりますから，合同式

$$f(\alpha)^q \equiv f(\alpha^q) \pmod{q}.$$

が成立します．この手続きを繰り返していくと，いっそう一般に合同式

$$f(\alpha)^{q^h} \equiv f(\alpha^{q^h}) \pmod{q}$$

が得られます．そこで，

$$h = 0, 1, 2, \cdots, f-1$$

と置き，そのようにして生じるすべての合同式を乗じると，

$$f(\alpha)^{1+q+q^2+\cdots+q^{f-1}} \equiv f(\alpha)f(\alpha^q)f(\alpha^{q^2})\cdots f(\alpha^{q^{f-1}}) \pmod{q}$$

となります．

ここまで計算を進めておいて，

$$q \equiv \gamma^{re} \pmod{\lambda}$$

と置き，α を α^{γ^m} に変えると，上記の合同式は

$$f(\alpha^{\gamma^m})^{1+q+q^2+\cdots+q^{f-1}} \equiv f(\alpha^{\gamma^m})f(\alpha^{\gamma^{m+re}})f(\alpha^{\gamma^{m+2re}})\cdots f(\alpha^{\gamma^{m+(f-1)re}}) \pmod{q}$$

という形になります．m として，法 e に関して非合同な e 個の値をとり，そのようにして生じる e 個の合同式を乗じると，合同式

$$\left[\prod f(\alpha^{\gamma^m})\right]^{1+q+q^2+\cdots+q^{f-1}} \equiv \mathrm{N}f(\alpha) \pmod{q}$$

が生じます．ここで，左辺の積は法 e に関して非合同な数 m のすべての値にわたっています．

この合同式により，ノルム $\mathrm{N}f(\alpha)$ が q で割り切れるとすると，

$$\left[\prod f(\alpha^{\gamma^m})\right]^{1+q+q^2+\cdots+q^{f-1}} \equiv 0 \pmod{q}$$

となることがわかります．この合同式の変形を続けます．まず $q-1$ 次の冪を作ると，

$$(q-1)(1+q+q^2+\cdots+q^{f-1}) = q^f-1$$

により，

$$\left[\prod f(\alpha^{\gamma^m})\right]^{q^f-1} \equiv 0 \pmod{q}$$

となります．ここでさらに $\prod f(\alpha^{\gamma^m})$ を乗じると，

$$\left[\prod f(\alpha^{\gamma^m})\right]^{q^f} \equiv 0 \pmod{q}$$

となりますが，一般にどのような複素数 $\varphi(\alpha)$ に対しても合同式

$$\varphi(\alpha)^{q^f} \equiv \varphi(\alpha^{q^f}) \equiv \varphi(\alpha) \pmod{q}$$

が成立しますから，合同式

$$\prod f(\alpha^{\gamma^m}) \equiv 0 \pmod{q}$$

が得られます．これより次の定理が帰結します．

> 複素数 $f(\alpha)$ のノルムが q（冪指数 f に所属する奇素数）で割り切れるなら，$f(\alpha^{\gamma^m})$ により表される $\lambda-1$ 個の共役数のうち，e 個ずつの数の積が q で割り切れなければならない．

この定理から派生して，次の命題もまた明らかになります．

> 複素数 $f(\alpha)$ のノルムが冪指数 f に所属する奇素数 q で割り切れるなら，そのノルムは因子 q を f 回にわたって含んでいなければならない．したがって，そのノルムはつねに q^f で割り切れる．

単純根で作られる複素数のノルムを割り切る素数の探索（続）

複素数 $f(\alpha)$ のノルムが奇素数 q で割り切れるための条件の一端が明らかになりましたが，続いてクンマーは，この条件を $f(\alpha)$ の諸係数に課される条件として言い表そうとする方向に進みました．方程式

$$1+\alpha+\alpha^2+\cdots+\alpha^{\lambda-1}=0$$

の根のうち，ひとつの f 項周期に含まれる f 個の根は，

$$\alpha^f+\mathrm{P}_1\alpha^{f-1}+\mathrm{P}_2\alpha^{f-2}+\cdots+\mathrm{P}_f=0$$

という形の f 次方程式の根になります．ここで，係数 $\mathrm{P}_1, \mathrm{P}_2, \cdots, \mathrm{P}_f$ は f 項周期

$$\eta, \eta_1, \eta_2, \cdots, \eta_{e-1}$$

の有理整関数です．この事実はガウスの D.A. の第 7 章「円の分割を定める方程式」に記されています．

この方程式を用いると，複素数の表示式

$$f(\alpha)=a+a_1\alpha+a_2\alpha^2+a_3\alpha^3+\cdots+a_{\lambda-2}\alpha^{\lambda-2}$$

において，α^{f-1} よりも高次の α の冪をすべて消去することができます．これを実行すると，

$$f(\alpha)=\varphi(\eta)+\alpha\varphi_1(\eta)+\alpha^2\varphi_2(\eta)+\cdots+\alpha^{f-1}\varphi_{f-1}(\eta)$$

という形の表示が得られます．ここで，

$$\varphi(\eta),\varphi_1(\eta),\varphi_2(\eta),\cdots,\varphi_{f-1}(\eta)$$

は f 項周期のみを含む複素整数を表しています．与えられた複素数はこのような形により異なる2通りの仕方で表されることはないこともわかります．

このように準備を整えたうえで，e 個の因子の積

$$\begin{aligned}
&[cf(\alpha)+c_1f(\alpha^{\gamma^e})+c_2f(\alpha^{\gamma^{2e}})+\cdots+c_{f-1}f(\alpha^{\gamma^{(f-1)e}})]\\
&\times[cf(\alpha^{\gamma})+c_1f(\alpha^{\gamma^{e+1}})+c_2f(\alpha^{\gamma^{2e+1}})+\cdots+c_{f-1}f(\alpha^{\gamma^{(f-1)e+1}})]\\
&\cdots\cdots\cdots\\
&\times[cf(\alpha^{\gamma^{e-1}})+c_1f(\alpha^{\gamma^{2e-1}})+c_2f(\alpha^{\gamma^{3e-1}})+\cdots+c_{f-1}f(\alpha^{\gamma^{fe-1}})]
\end{aligned}$$

を作ります．ここに現れる α の冪の冪指数を行列の形に配列すると，

$$\begin{pmatrix}
1 & \gamma^e & \gamma^{2e} & \cdots & \gamma^{(f-1)e}\\
\gamma & \gamma^{e+1} & \gamma^{2e+1} & \cdots & \gamma^{(f-1)e+1}\\
\cdots\cdots & & & & \\
\gamma^{e-1} & \gamma^{2e-1} & \gamma^{3e-1} & \cdots & \gamma^{fe-1}
\end{pmatrix}$$

という形になります．この行列の各々の行から1個の項を任意に選ぶと，γ^m という形の e 個の項が得られますが，冪指数 m のところに現れる e 個の数は法 e に関して非合同です．上記の積を実行すると $\prod f(\alpha^{\gamma^m})$ という形の積が並びますが，前に見た定理により，$f(\alpha)$ のノルム $\mathrm{N}f(\alpha)$ が q で割り切れるなら，数

$$c,c_1,c_2,\cdots,c_{f-1}$$

が何であっても，その積はどれも q で割り切れます．

複素数のノルムの素因子の探索はまだ途上です．

第9章
複素数のノルムの素因子の探索（続）

前章の復習から

このところ込み入った計算が続いていますが，ここまでたどってきた道筋を振り返ると，$f(\alpha)$は方程式$1+\alpha+\alpha^2+\cdots+\alpha^{\lambda-1}=0$の根$\alpha$を用いて組立てられる複素数，$q$は$\lambda$と異なる奇素数として，$f(\alpha)$のノルムが$q$で割り切れるための条件の探索を続けているところです．探索の糸口をつかむには複素数$f(\alpha)$と素数qを連繫する回路を作らなければなりませんが，クンマーはガウスのD.A.の該当箇所を指し示してこれに応じました．λで割り切れない素数は必ず$\lambda-1$のある約数fに所属します．その意味は，qのさまざまな冪のうち，f次の冪はλを法として1と合同になるということで，フェルマの小定理に支えられている命題です．合同式の記号を用いると，この状況は

$$q^f \equiv 1 \ (\mathrm{mod.}\,\lambda)$$

と表記されます．このような冪指数fのうち，最小のものを採用し，そのfに対応してf項周期を作ることにより，qと複素数$f(\alpha)$の間に橋が架かります．f項周期で作られる複素数のノルムを割り切る素数について，前もってひとつの判定条件を出しておいたことの意味も諒解されます．

もう少し回想を続けると，複素数 $f(\alpha)$ を，f 項周期のみを含む複素整数 $\varphi(\eta),\varphi_1(\eta),\varphi_2(\eta),\cdots,\varphi_{f-1}(\eta)$ を係数とする次数 $f-1$ の多項式として

$$f(\alpha)=\varphi(\eta)+\alpha\varphi_1(\eta)+\alpha^2\varphi_2(\eta)+\cdots+\alpha^{f-1}\varphi_{f-1}(\eta)$$

という形に表示して，クンマーは $e=\dfrac{\lambda-1}{f}$ 個の因子の積

$$\begin{aligned}&[cf(\alpha)+c_1f(\alpha^{\gamma^e})+c_2f(\alpha^{\gamma^{2e}})+\cdots+c_{f-1}f(\alpha^{\gamma^{(f-1)e}})]\\ \times&[cf(\alpha^{\gamma})+c_1f(\alpha^{\gamma^{e+1}})+c_2f(\alpha^{\gamma^{2e+1}})+\cdots+c_{f-1}f(\alpha^{\gamma^{(f-1)e+1}})]\\ &\cdots\cdots\cdots\\ \times&[cf(\alpha^{\gamma^{e-1}})+c_1f(\alpha^{\gamma^{2e-1}})+c_2f(\alpha^{\gamma^{3e-1}})+\cdots+c_{f-1}f(\alpha^{\gamma^{fe-1}})]\end{aligned}$$

を作りました．ここで，$c,c_1,c_2,\cdots,c_{f-1}$ は不定数を表しています．この積を実行すると，$\prod f(\alpha^{\gamma^m})$ という形の積が並び，どの積についても m のところには法 e に関して非合同な e 個の数が配置されています．このような状勢のもとで，もし $f(\alpha)$ のノルム $\mathrm{N}f(\alpha)$ が q で割り切れるなら，これらの積はみな q で割り切れること，したがって，ここに書き下された積それ自体もまた q で割り切れることを確認するところまで話が進みました．任意の不定数 $c,c_1,c_2,\cdots,c_{f-1}$ を添えたところにクンマーの工夫が現れています．

複素数のノルムが有理素数で割り切れるための条件 ― 第1の形

式変形を続けます．複素数 $f(\alpha)$ を

$$f(\alpha)=\varphi(\eta)+\alpha\varphi_1(\eta)+\alpha^2\varphi_2(\eta)+\cdots+\alpha^{f-1}\varphi_{f-1}(\eta)$$

と表示し，α を順次 $\alpha^{\gamma},\alpha^{\gamma^2},\cdots$ に置き換えていくと，対応して η がそれぞれ $\eta_1,\eta_2,\cdots$ に変って $f(\alpha^{\gamma}),f(\alpha^{\gamma^2}),\cdots$ の表示が得られます．そこで，これらを上記の積に代入して計算を進めると，

$$[C\varphi(\eta)+C_1\varphi_1(\eta)+C_2\varphi_2(\eta)+\cdots\cdots+C_{f-1}\varphi_{f-1}(\eta)]$$
$$\times[C\varphi(\eta_1)+C_1\varphi_1(\eta_1)+C_2\varphi_2(\eta_1)+\cdots+C_{f-1}\varphi_{f-1}(\eta_1)]$$
$$\cdots\cdots\cdots$$
$$\times[C\varphi(\eta_{e-1})+C_1\varphi_1(\eta_{e-1})+C_2\varphi_2(\eta_{e-1})+\cdots+C_{f-1}\varphi_{f-1}(\eta_{e-1})]$$

という形に変換されます．ここで，

$$c+c_1+c_2+\cdots+c_{f-1}=C,$$
$$\alpha c+\alpha^{\gamma^e}c_1+\alpha^{\gamma^{2e}}c_2+\cdots+\alpha^{\gamma^{(f-1)e}}c_{f-1}=C_1,$$
$$\alpha^2c+\alpha^{2\gamma^e}c_1+\alpha^{2\gamma^{2e}}c_2+\cdots+\alpha^{2\gamma^{(f-1)e}}c_{f-1}=C_2,$$
$$\cdots\cdots\cdots$$
$$\alpha^{f-1}c+\alpha^{(f-1)\gamma^e}c_1+\alpha^{(f-1)\gamma^{2e}}c_2+\cdots+\alpha^{(f-1)\gamma^{(f-1)e}}c_{f-1}=C_{f-1}$$

と置きました．$f(\alpha)$ のノルム $Nf(\alpha)$ が q で割り切れるなら，数

$$C, C_1, C_2, \cdots, C_{f-1}$$

が何であっても，この積は q で割り切れます．数

$$c, c_1, c_2, \cdots, c_{f-1}$$

は任意ですから，$C, C_1, C_2, \cdots,$ C_{f-1} もまた完全に任意であることに留意しておきたいと思います．

このように変換された式の形を見ると，この積は f 項周期で作られている複素数 $C\varphi(\eta)+C_1\varphi_1(\eta)+C_2\varphi_2(\eta)+\cdots+C_{f-1}\varphi_{f-1}(\eta)$ の，周期に関してとられたノルムにほかなりません．そのノルムが q で割り切れるための条件については既述のとおりです．合同式の言葉で書くと，

$$r=0,1,2,\cdots,e-1$$

のうちのどれかひとつに対し，合同式

$$C\varphi(u_r)+C_1\varphi_1(u_r)+C_2\varphi_2(u_r)+\cdots+C_{f-1}\varphi_{f-1}(u_r)\equiv 0 \pmod{q}$$

が成立するというのがその条件です．周期 η_r のところに，対応する合同式の根が代入されています．そうして係数 $C, C_1, C_2, \cdots, C_{f-1}$ は任意ですから，この合同式は f 個の合同式

$$\varphi(u_r)\equiv 0,\ \varphi_1(u_r)\equiv 0, \cdots, \varphi_{f-1}(u_r)\equiv 0 \pmod{q}$$

が成立することと同等です．これで次の定理が得られました．

> 複素数 $f(\alpha)$ のノルムは，法 λ に対し冪指数 f に属する素数 q により割り切れるとする．このとき，あるひとつの r に対し，f 個の合同式
>
> $$\varphi(u_r)\equiv 0, \varphi_1(u_r)\equiv 0, \cdots, \varphi_{f-1}(u_r)\equiv 0 \pmod{q}$$
>
> が成立する．逆に，これらの f 個の合同式が成立するなら，$f(\alpha)$ のノルムは q で割り切れる．

複素数のノルムが有理素数で割り切れるための条件が，有理整数域での有限個の合同式の言葉で言い表されました．

複素数のノルムが有理素数で割り切れるための条件 — 第2の形

ここまでの状況を踏まえ，クンマーは複素数 $f(\alpha)$ のノルムが素数 q で割り切れるための条件の書き換えに向いました．f 項周期 η を構成する f 個の根 $\alpha, \alpha^{\gamma^e}, \alpha^{\gamma^{2e}}, \cdots, \alpha^{\gamma^{(f-1)e}}$ を用いて積

$$f(\alpha)\,f(\alpha^{\gamma^e})\,f(\alpha^{\gamma^{2e}})\cdots f(\alpha^{\gamma^{(f-1)e}})=\mathrm{F}(\eta)$$

を作ると，この積は周期 η に含まれるすべての根の対称関数ですから，それ自体，e 個の f 項周期 $\eta, \eta_1, \eta_2, \cdots, \eta_{e-1}$ の関数にほかならず，しかもこれらの周期は周期 η を用いて表示されます．この積を $\mathrm{F}(\eta)$ と表記したのはこのような状況観察にもとづいています．$f(\alpha)$ のノルムは

$$\mathrm{N}f(\alpha)=\mathrm{F}(\eta)\mathrm{F}(\eta_1)\mathrm{F}(\eta_2)\cdots\mathrm{F}(\eta_{e-1})$$

となります．これで，$\mathrm{N}f(\alpha)$ が q で割り切れるための必要十分条件は，e 個の数 $r=0,1,2,\cdots,e-1$ のうちのあるひとつの値に対し，$\mathrm{F}(u_r)$ が q で割り切れること，すなわち合同式

$$\mathrm{F}(u_r) \equiv 0 \pmod{q}$$

が成立するということに帰着されました.

このようにして，複素数のノルムが素数で割り切れるための条件が２通りの仕方で言い表されました.

複素数

$$f(\alpha) = \varphi(\eta) + \alpha\varphi_1(\eta) + \alpha^2\varphi_2(\eta) + \cdots + \alpha^{f-1}\varphi_{f-1}(\eta)$$

に対して，f 個の合同式

$$\varphi(u_r) \equiv 0, \varphi_1(u_r) \equiv 0, \cdots, \varphi_{f-1}(u_r) \equiv 0 \pmod{q}$$

が成立するという状勢を指して，**この複素数 $f(\alpha)$ は,**

$$\boldsymbol{\eta = u_r, \eta_1 = u_{r+1}, \eta_2 = u_{r+2}, \cdots, \eta_{e-1} = u_{r-1}}$$

に対して，法 q に関して０と合同であるというふうに言い表すことにします.「$\eta = u_r, \eta_1 = u_{r+1}$，$\eta_2 = u_{r+2}, \cdots, \eta_{e-1} = u_{r-1}$ に対して」という代わりに，ひとつだけ,

$$\eta = u_r$$

という条件を書いてもよく，それで十分です．他の条件はみなこの条件から誘導されるからです.

２個または２個より多くの複素数が提示されたとき，それらのひとつが $\eta = u_r$ に対して０と合同であるとしてみます．それらの積を作り，展開して，f 項周期を係数とする α の f 次の有理整関数の形に書き表すとき，そのような表示において「$\eta = u_r$ に対して０と合同になる」という条件が観察されるのは明白です．この逆の命題も成立し，二つの複素数の積が $\eta = u_r$ に対して０と合同なら，どちらかの複素数は必ず $\eta = u_r$ に対して０と合同になります．ただし，複素数の世界でのことですから明らかというわけではなく，証明を要します.

そこで，二つの複素数 $f(\alpha), \varphi(\alpha)$ の積

$$f(\alpha)\varphi(\alpha) = \chi(\alpha)$$

を考えて，ある r について,

$$\eta = u_r \text{ に対して } \chi(\alpha) \equiv 0 \pmod{q}$$

となると仮定してみます．このとき，この積の二つの因子 $f(\alpha), \varphi(\alpha)$ のどちらかひとつは $\eta = u_r$ に対して 0 と合同になります．これを示すために，

$$f(\alpha)\,f(\alpha^{\gamma^e})\,f(\alpha^{\gamma^{2e}})\cdots f(\alpha^{\gamma^{(f-1)e}}) = \mathrm{F}(\eta)$$
$$\varphi(\alpha)\,\varphi(\alpha^{\gamma^e})\,\varphi(\alpha^{\gamma^{2e}})\cdots \varphi(\alpha^{\gamma^{(f-1)e}}) = \Phi(\eta)$$
$$\chi(\alpha)\,\chi(\alpha^{\gamma^e})\,\chi(\alpha^{\gamma^{2e}})\cdots \chi(\alpha^{\gamma^{(f-1)e}}) = \mathrm{X}(\eta)$$

と置くと，

$$\mathrm{F}(\eta)\Phi(\eta) = \mathrm{X}(\eta)$$

となり，仮定により，$\chi(\alpha)$ は $\eta = u_r$ に対して 0 と合同ですから，

$$\mathrm{X}(u_r) \equiv 0 \pmod{q}$$

となりますが，このことから数 $\mathrm{F}(u_r), \Phi(u_r)$ のどちらかもまた 0 と合同でなければならないことが導かれます．たとえば $\mathrm{F}(u_r) \equiv 0 \pmod{q}$ であれば，そのとき $f(\alpha)$ について，「$\eta = u_r$ に対して 0 と合同」という条件が満たされます．

これで次の定理が得られました．

ある複素数がいくつかの因子の積の形に表されているとするとき，この複素数が q で割り切れるための必要十分条件は，あらゆる代入

$$\eta = u, \eta = u_1, \eta = u_2, \cdots, \eta = u_{e-1}$$

に対し，諸因子のひとつが法 q に関して 0 と合同になることである．

二つの複素数の積について，一方の複素数のノルムが q で割り切れるなら，積のノルムも q で割り切れること，また，積のノルムが q で割り切れるなら二つの複素数のどちらかのノルムが q で割り切れることが明らかになりました．

ここで確認された事柄を，「周期の整係数有理整関数の形に表示される複素数が q で割り切れるための判定条件」と組合わせると，次の定理が取り出されます．

> いくつかの複素数の積の形に表示された複素数が q で割り切れるためには，すべての代入
>
> $$\eta=u,\ \eta=u_1,\ \eta=u_2,\cdots,\eta=u_{e-1}$$
>
> に対して，この複素数を構成する複素数のうちのいずれかが法 q に関して0と合同になることが必要であり，しかも十分である．

補助的複素数の探索

複素数 $f(\alpha)$ のノルムが有理素数 q で割り切れるための第1の条件は，

$$\eta=u_r \text{ に対して } f(\alpha)\equiv 0 \ (\mathrm{mod.}\, q)$$

という形で表明されました．この条件の実体は f 個の合同式ですが，それらを表現する**きわめて簡明で，しかもきわめて有用なもうひとつの様式**（une autre manière très-simple et très-utile）をクンマーは提示しました．

これを語るためには，補助的な複素数が必要です．その複素数は周期のみで組立てられていて，周期に関して作ったノルムは q で割り切れるけれども q^2 では割り切れないという性質を備えています．このような複素数はつねに存在します．たとえば，数

$$u-\eta, u_1-\eta, u_2-\eta,\cdots,u_{e-1}-\eta$$

の各々のノルムを作ると，それらはみな q で割り切れて，課された条件を満たす数はほとんどいつでもこれらの数の間に見つか

ります．

ただし，つねにそのようになるというわけではなく，これらの数のノルムがことごとくみな q^2 で割り切れてしまうということもありえます．そのような場合には，複素数

$$\psi(\eta)=\lambda-f-u\eta-u_1\eta_1-u_2\eta_2-\cdots-u_{e-1}\eta_{e-1}$$

を使います．ここに現れる周期を対応する合同式の根に置き換えると，2通りの場合を例外として，合同式

$$\psi(u_r)\equiv\lambda \pmod{q}$$

が成立します．実際，一般に合同式

$$uu_r+u_1u_{r+1}+u_2u_{r+2}+\cdots+u_{e-1}u_{r-1}\equiv -f \pmod{q}$$

が成立します．2通りの例外というのは，

1° f が偶数で，しかも $r=0$ の場合と，

2° f が奇数で，しかも $r=\dfrac{1}{2}e$ の場合

で，これらの場合には上記の合同式の形が変り，

$$uu_r+u_1u_{r+1}+u_2u_{r+2}+\cdots+u_{e-1}u_{r-1}\equiv\lambda-f \pmod{q}$$

となります．具体的に書くと，

$$uu+u_1u_1+u_2u_2+\cdots+u_{e-1}u_{e-1}\equiv\lambda-f \pmod{q}$$

$$uu_{\frac{1}{2}e}+u_1u_{\frac{1}{2}e+1}+u_2u_{\frac{1}{2}e+2}+\cdots+u_{e-1}u_{\frac{1}{2}e-1}\equiv\lambda-f \pmod{q}$$

という合同式が現れますから，第1の場合には合同式

$$\psi(u)\equiv 0 \pmod{q}$$

が成立し，第2の場合には合同式

$$\psi(u_{\frac{e}{2}})\equiv 0 \pmod{q}$$

が成立します．

$\psi(\eta)$ は f 項周期で作られている複素数（定数項 $\lambda-f$ は等式 $-1=\eta+\eta_1+\eta_2+\cdots+\eta_{e-1}$ を用いて周期による表示に変形されます）で，f が偶数でも奇数でも $\psi(u),\psi(u_1),\psi(u_2),\cdots,\psi(u_{e-1})$ の中に q に関して0と合同になるものが必ずひとつ存在することがわかりました．したがって，「周期で作られる複素数のノ

ルムが q で割り切れるための判定条件」により，$\psi(\eta)$ のノルム $\mathrm{N}\psi(\eta)$ はつねに q で割り切れることがわかります．

これに対し，積

$$\Psi(\eta)=\psi(\eta_1)\psi(\eta_2)\psi(\eta_3)\cdots\psi(\eta_{e-1})$$

は q で割り切れません．実際，「いくつかの複素数の積の形に表示される複素数が q で割り切れるための判定条件」によると，$\Psi(\eta)$ が q で割り切れるか否かの判定は，e 個の数 $\Psi(u),\Psi(u_1),\Psi(u_2),\cdots,\Psi(u_{e-1})$ がすべて q で割り切れるか否かにかかっています．これを検討すると，f が偶数の場合には $\psi(u_1),\psi(u_2),\psi(u_3),\cdots,\psi(u_{e-1})$ はどれもみな q に関して λ と合同ですから，$\Psi(u)$ は q で割り切れません．また，f が奇数の場合には，

$$\Psi(u_{\frac{e}{2}})=\psi(u_{\frac{e}{2}+1})\psi(u_{\frac{e}{2}+2})\psi(u_{\frac{e}{2}+3})\cdots\psi(u_{\frac{e}{2}-1})$$

となりますが，これは q で割り切れません．これで $\Psi(\eta)$ は q で割り切れないことがわかりました．

補助的複素数の探索（続）

複素数 $\Psi(\eta)$ を用いて補助的複素数の探索を続けます．異なる二つの数 r,s をとり，積 $\Psi(\eta_r)\Psi(\eta_s)$ を作ると，そこにはノルム $\mathrm{N}\psi(\eta)$ を構成する因子がすべて含まれていますから，q で割り切れます．そこで $\psi(\eta)+q$ のノルム

$$\mathrm{N}[\psi(\eta)+q]=(\psi(\eta)+q)(\psi(\eta_1)+q)(\psi(\eta_2)+q)\cdots(\psi(\eta_{e-1})+q)$$

を作り，積を展開し，q^2 で割り切れる諸項を削除すると，合同式

$$\mathrm{N}[\psi(\eta)+q]\equiv\mathrm{N}\psi(\eta)+q[\Psi(\eta)+\Psi(\eta_1)+\cdots+\Psi(\eta_{e-1})]\ (\mathrm{mod}.\,q^2)$$

が与えられます．両辺に $\Psi(\eta)$ を乗じると，

$$\Psi(\eta)\mathrm{N}[\psi(\eta)+q] \equiv \Psi(\eta)\mathrm{N}\psi(\eta)+q[\Psi(\eta)\Psi(\eta)+\Psi(\eta)\Psi(\eta_1)+\cdots \\ \cdots+\Psi(\eta)\Psi(\eta_{e-1})] \pmod{q^2}$$

となりますが，右辺に現れる積 $\Psi(\eta)\Psi(\eta_1),\cdots,\Psi(\eta)\Psi(\eta_{e-1})$ はどれもノルム $\mathrm{N}\psi(\eta)$ で割り切れますから，合同式

$$\Psi(\eta)\mathrm{N}[\psi(\eta)+q] \equiv \Psi(\eta)\mathrm{N}\psi(\eta)+q[\Psi(\eta)]^2 \pmod{q^2}$$

が成立します．

もし $\mathrm{N}\psi(\eta)$ が q で割り切れるだけで，q^2 では割り切れないなら，$\psi(\eta)$ はここで求められている複素数です．$\mathrm{N}\psi(\eta)$ が q^2 で割り切れることもあり，その場合には合同式

$$\Psi(\eta)\mathrm{N}[\psi(\eta)+q] \equiv q[\Psi(\eta)]^2 \pmod{q^2}$$

が成立します．$\Psi(\eta)$ は q で割り切れないことに留意すると，$\psi(\eta)+q$ のノルム $\mathrm{N}[\psi(\eta)+q]$ が q^2 で割り切れることはありえません．それゆえ，$\psi(\eta)+q$ はここで求められている条件を満たしています．

複素数のノルムが有理素数で割り切れるための条件 — 第3の形

上記の考察を踏まえ，あらためて複素数 $\psi(\eta)$ は探索された補助的素数とします．言い換えると，$\psi(\eta)$ に対し合同式

$$\mathrm{N}\psi(\eta) \equiv 0 \pmod{q}$$

は成立しますが，合同式

$$\mathrm{N}\psi(\eta) \equiv 0 \pmod{q^2}$$

が成立することはありません．$\psi(\eta)$ のノルムが q で割り切れることにより，e 個の数 $\psi(u),\psi(u_1),\psi(u_2),\cdots,\psi(u_{e-1})$ のうち，どれかひとつが q で割り切れることになりますが，たとえば

$$\psi(u) \equiv 0 \pmod{q}$$

となるとしてみます．表記を簡明にするために，

$$\psi(\eta_1)\psi(\eta_2)\psi(\eta_3)\cdots\psi(\eta_{e-1})=\Psi(\eta)$$

と置きます．このとき，$\eta=u_r$ **に対して**

$$f(\alpha)\equiv 0\ (\mathrm{mod.}\,q)$$

という先ほどの第1の形の言明に含まれている f 個の合同式は，合同式

$$f(\alpha)\Psi(\eta_{e-r})\equiv 0\ (\mathrm{mod.}\,q)$$

と同等です．

これを証明します．「周期を合同式の根に置き換えて等式を合同式に変換する」という基本原理により，$\Psi(\eta)$ の表示式から合同式

$$\Psi(u_r)\equiv\psi(u_{r+1})\psi(u_{r+2})\cdots\psi(u_{r-1})\ (\mathrm{mod.}\,q)$$

が帰結します．そうして

$$\psi(u_r)\equiv 0\ (\mathrm{mod.}\,q)$$

となりますから，$r=0$ の場合を唯一の例外として，つねに

$$\Psi(u_r)\equiv 0\ (\mathrm{mod.}\,q)$$

となることがわかります．ところで，

$$f(\alpha)\Psi(\eta_{e-r})\equiv 0\ (\mathrm{mod.}\,q)$$

となるためには，代入

$$\eta=u,\eta=u_1,\eta=u_2,\cdots,\eta=u_{e-1}$$

の各々に対して，

$$f(\alpha)\equiv 0\ (\mathrm{mod.}\,q)$$

となるか，あるいは

$$\Psi(\eta_{e-r})\equiv 0\ (\mathrm{mod.}\,q)$$

となるかのいずれかでなければならず，しかもそれで十分でもあります．そうして $\eta=u_r$ に対し第2の因子 $\Psi(\eta_{e-r})$ は $\Psi(u)$ になり，これは0と合同ではありません．それゆえ，$\eta=u_r$ に対して

$$f(\alpha) \equiv 0 \pmod{q}$$

となることがわかります．

逆に，$\eta = u_r$ に対して

$$f(\alpha) \equiv 0 \pmod{q}$$

となるとすると，積 $f(\alpha)\Psi(\eta_{e-r})$ は q で割り切れます．なぜなら，$\eta = u_r$ に対しては第1因子 $f(\alpha)$ が0と合同になりますし，他の代入

$$\eta = u, \eta = u_1, \cdots, \eta = u_{r-1}, \eta = u_{r+1}, \cdots, \eta = u_{e-1}$$

については，どれに対しても第2の因子 $\Psi(\eta_{e-r})$ が0と合同になるからです．これで証明が完結しました．

複素素数とは

ここまでの論証を踏まえて，ようやく複素数の理想因子について語る準備が整いました．クンマーの論文「1の冪根と整数で作られる複素数の理論」ではここから第5章「複素数の理想因子の定義と一般的な諸性質」に入ります．理想因子の原語は facteurs idéaux です．

q はつねに有理素数とし，冪指数 f に属するものとします．クンマーは有理素数の全体を二つのクラスに区分けしました．一方のクラス（第1類）には，ある f 項周期により組み立てられる複素数のノルムとして表示されうる素数が所属し，もう一方のクラス（第2類）にはそのような表示を許容しない素数が所属します．素数 q は前者のクラスに所属するとすると，ある複素数 $\varphi(\eta)$ のノルムとなり，等式

$$\varphi(\eta)\varphi(\eta_1)\varphi(\eta_2)\cdots\varphi(\eta_{e-1}) = \mathrm{N}\varphi(\eta) = q$$

が成立します．この場合，複素数 $\varphi(\eta)$ をさらに分解して，単数ではない二つの複素数の積の形に表示することはできません．

実際，

$$\varphi(\eta)=\mathrm{F}(\alpha)\mathrm{G}(\alpha)$$

となるとしてみます．根 α に関するノルムをとると，

$$\mathrm{N}\varphi(\eta)=q^f=\mathrm{NF}(\alpha)\mathrm{NG}(\alpha)$$

となります．右辺の二つのノルムのどちらか一方，たとえば $\mathrm{NF}(\alpha)$ は q で割り切れますから，q^f で割り切れなければなりません．それゆえ，

$$\mathrm{NF}(\alpha)=q^f.$$

これより $\mathrm{NG}(\alpha)=1$ となりますが，これは $\mathrm{G}(\alpha)$ が複素単数であることを示しています．

ノルムが素数になる複素数 $\varphi(\eta)$ には**複素素数**(**nombre premier complex**)という呼び名がぴったりあてはまります．

第 10 章
理想素因子を語る

理想素因子の認識に向う

ノルムが有理素数になる複素数 $\varphi(\eta)$ を，さらに二つの（どちらも単数ではない）複素数に分解することはできないことが示されました．この事実を基礎にして，ある f 項周期により組立てられ有理素数のノルムをもつ複素数のことを，クンマーは複素素数と呼びました．有理素数の全体を第 1 類と第 2 類に区分けしたのもクンマーで，一方のクラス（第 1 類）にはある複素数の f 項周期に関するノルムとして表示されうる素数が所属し，もう一方のクラス（第 2 類）にはそのような表示を許容しない素数が所属します．第 1 類の有理素数は，第 1 類の定義それ自身により e 個の複素数の積に分解されますが，その際に現れる e 個の複素数はどれもみな複素素数で，全体として共役な素因子を形作っています．

q は第 1 類の有理素数とし，q の e 個の素因子，すなわち $\varphi(\eta), \varphi(\eta_1), \cdots, \varphi(\eta_{e-1})$ を区分けすることを考えてみます．e 個の f 項周期に対応して e 個の数

$$u, u_1, u_2, \cdots, u_{e-1}$$

が定まりますが，周期をこれらに置き換えると，r のある値に対して，合同式

$$\varphi(u_r) \equiv 0 \pmod{q}$$

が成立します．これは $\varphi(\eta)$ のノルムが q で割り切れるための必要条件です．この r を梃子にすると，q の素因子 $\varphi(\eta), \varphi(\eta_1), \cdots,$ $\varphi(\eta_{e-1})$ の各々について，合同式

$$\eta = u_r \text{ に対して } \varphi(\eta) \equiv 0 \pmod{q}$$

$$\eta = u_{r-1} \text{ に対して } \varphi(\eta_1) \equiv 0 \pmod{q}$$

$$\eta = u_{r-2} \text{ に対して } \varphi(\eta_2) \equiv 0 \pmod{q}$$

一般に，

$$\eta = u_{r-k} \text{ に対して } \quad \varphi(\eta_k) \equiv 0 \pmod{q}$$

が成立します．これらの合同式により，q の e 個の素因子が個別に認識されます．

複素素数 $\varphi(\eta)$ に任意の複素数 $f(\alpha)$ を乗じ，積を

$$\varphi(\eta) f(\alpha) = \mathrm{F}(\alpha)$$

とおくと，つねに合同式

$$\eta = u_r \text{ に対して } \quad \mathrm{F}(\alpha) \equiv 0 \pmod{q}$$

が満たされます．逆に，ある複素数 $\mathrm{F}(\alpha)$ が合同式

$$\eta = u_r \text{ に対して } \quad \mathrm{F}(\alpha) \equiv 0 \pmod{q}$$

を満たすとすると，この複素数には必ず素因子 $\varphi(\eta)$ が含まれています．

これを証明します．複素数 $\varphi(\eta_r)$ のノルムは q に等しくて，しかも，$\eta = u_r$ に対して法 q に関して 0 と合同になります．もう一度確認すると，$\varphi(\eta_r)$ について，次に挙げる 3 条件が満たされています．

$$\mathrm{N}\varphi(\eta_r) \equiv 0 \pmod{q}$$

$$\mathrm{N}\varphi(\eta_r) \not\equiv 0 \pmod{q^2}$$

$$\varphi(u_r) \equiv 0 \pmod{q}$$

そこで，前章（第 9 章）で $\psi(\eta)$ と記した数として $\varphi(\eta_r)$ を用いる

ことにして，

$$\Psi(\eta)=\varphi(\eta_{r+1})\varphi(\eta_{r+2})\cdots\varphi(\eta_{r-1})$$

と置くと，前章で確認したことにより，

$$\eta=u_r \text{ に対して } \mathrm{F}(\alpha)\equiv 0 \pmod{q}$$

という f 個の合同式で表される条件は，

$$\eta=u_r \text{ に対して } \mathrm{F}(\alpha)\Psi(\eta_{e-r})\equiv 0 \pmod{q}$$

という単一の合同式により表されます．ところが，

$$\Psi(\eta_{e-r})=\varphi(\eta_1)\varphi(\eta_2)\varphi(\eta_3)\cdots\varphi(\eta_{e-1})$$

となりますから，この合同式は

$$\eta=u_r \text{ に対して}$$

$$\mathrm{F}(\alpha)\varphi(\eta_1)\varphi(\eta_2)\varphi(\eta_3)\cdots\varphi(\eta_{e-1})\equiv 0 \pmod{q}$$

と書き表されます．それゆえ，ある複素数 $f(\alpha)$ を用いて

$$\mathrm{F}(\alpha)\varphi(\eta_1)\varphi(\eta_2)\varphi(\eta_3)\cdots\varphi(\eta_{e-1})=qf(\alpha)$$

と表示されます．両辺に $\varphi(\eta)$ を乗じ，

$$\varphi(\eta)\varphi(\eta_1)\varphi(\eta_2)\varphi(\eta_3)\cdots\varphi(\eta_{e-1})=q$$

で割ると，

$$\mathrm{F}(\alpha)=\varphi(\eta)f(\alpha)$$

となります．これで，$\mathrm{F}(\alpha)$ は実際に因子 $\varphi(\eta)$ をもっていることがわかりました．このような状勢観察が理想素因子の認識に向う第一歩です．

理想素因子とは

ここまでの論証により，ある複素数 $\mathrm{F}(\alpha)$ が複素素因子 $\varphi(\eta)$ をもつか否かの判定を可能にする基準が明らかになりました．その基準というのは，

$$\eta=u_r \text{ に対して } \mathrm{F}(\alpha)\equiv 0 \pmod{q}$$

という，$F(\alpha)$ に課された条件です．複素素数 $\varphi(\eta)$ はこの条件により完全に規定されます．$\varphi(\eta)$ はどのような数だったのかというと，有理素数 q が e 個の共役な素因子に分解する場合において，それらの素因子のひとつでした．この状況を逆向きに観察すると，q がある複素数（それは必然的に複素素数になります）のノルムになっている場合には，q を組立てている e 個の複素素因子の識別が可能になるということにほかなりません．それらはみな実際に存在する複素数です．

実在する複素素数の認識はこれでよいとして，実在しない複素素数の姿をとらえるにはどうしたらよいのでしょうか．この点にクンマーの苦心があります．実在しない複素素数というのは奇妙な言い回しですが，具体的な形に表示できないというだけのことですし，クンマーは強固な実在感を抱いていました．虚数の認識の工夫に似通う印象があり，クンマーも虚数を例にとって「実在しない複素素数」を語っています．少しのちにクンマーの言葉を紹介します．

q は第2類の有理素数とします．言い換えると，q は f 項周期を含む複素数のノルムではありえない有理素数です．この場合，q を e 個の共役な複素数の積の形に表示することはできませんから，たとえ複素数 $f(\alpha)$ が，

$$\eta = u_r \text{ に対して } f(\alpha) \equiv 0 \pmod{q}$$

という条件を満たすとしても，今度は $f(\alpha)$ から「実在する複素素因子」を分離することはできません．それにもかかわらず，この条件そのものは依然として生きています．そこでクンマーは，この条件を満たす複素数 $f(\alpha)$ は何らかの意味において素因子をもつと見て，それを有理素数 q の**理想素因子**（**facteur premier idéal**）と呼びました．もう少し言葉を補って，**置き換え** $\eta = u_r$ **に属する** q **の理想素因子**とすると意味合いがいっそう明確になります．

理想素因子と複素数

クンマーは複素数との対比のもとで理想素因子を語っています．複素数の理想素因子を考えるというアイデアは，結局のところ，複素数それ自身を考えるというアイデアと同じであるというのがクンマーの所見です．そうすると複素数とは何かということを語らなければなりませんが，クンマーはガウスを引き合いに出しました．ガウスは数論の場において 4 次剰余の理論を作り，4 次剰余の相互法則の探究に際し，$4n+1$ という形の有理素数は合成数であるかのように振る舞うことに注意を喚起しています．

p はそのような形の数とすると，$p=a^2+b^2$ というふうに二つの平方数の和の形に表され（フェルマが発見した直角三角形の基本定理），虚数の世界に移行すると，$a\pm b\sqrt{-1}$ という形の虚因子が現れて，

$$p=(a+b\sqrt{-1})(a-b\sqrt{-1})$$

と因数分解が進みます．$4n+1$ という形の素数が合成数であるかのような挙動を示す現象は，このような虚因子の存在に起因しています．

円周等分方程式の根を用いて組立てられる複素数の中には，素数でありながらしかも合成数であるかのように振る舞うものが存在します．そこでクンマーは，虚因子を導入したガウスのように，理想素因子の導入をめざしました．理想素因子に寄せるクンマーの強固な実在感はガウスのアイデアに支えられています．

理想素因子の定義を言い換える

ここであらためて理想素因子の定義を再現してみます．一般に複素数 $f(\alpha)$ の理想素因子は，

$$\eta = u_r \text{ に対して } f(\alpha) \equiv 0 \pmod{q}$$

という条件により規定されました．$f(\alpha)$ を

$$f(\alpha) = \varphi(\eta) + \alpha\varphi_1(\eta) + \cdots + \alpha^{f-1}\varphi_{f-1}(\eta)$$

と表示すると，ここに現れる f 項周期をそれらに対応する合同式の根に置き換えることにより，$f(\alpha)$ に課された条件は，f 個の合同式

$$\varphi(u_r) \equiv 0,\ \varphi_1(u_r) \equiv 0,\ \varphi_2(u_r) \equiv 0, \cdots, \varphi_{f-1}(u_r) \equiv 0 \pmod{q}$$

が同時に成立するということにほかなりません（以前からそうしていたように，f 項周期の f と複素数の $f(\alpha)$ の f．同一のアルファベット f が使い分けられています）．これらの f 個の合同式は，唯一の合同式

$$f(\alpha)\Psi(\eta_{e-r}) \equiv 0 \pmod{q}$$

に包摂されることも明らかになっています．ここで，$\Psi(\eta)$ は $e-1$ 個の因子の積

$$\Psi(\eta) = \psi(\eta_1)\psi(\eta_2)\cdots\psi(\eta_{e-1})$$

を表しています．複素数 $\psi(\eta)$ はどのようなものであったかというと，まず合同式

$$\psi(u) \equiv 0 \pmod{q}$$

を与えるという属性が備わっています．それに，そのノルムは q で割り切れますが，q^2 で割り切れることはありません．このような状況をそのまま再現して，クンマーは有理素数 q の理想素因子の定義を次のように書きました．

　$\Psi(\eta)$ は $e-1$ 個の因子の積

$$\Psi(\eta) = \psi(\eta_1)\psi(\eta_2)\cdots\psi(\eta_{e-1})$$

を表すとする．ここで，$\psi(\eta)$ は，合同式

$$\psi(u) \equiv 0 \pmod{q}$$

を満たす複素数で，そのノルムは q で割り切れるが q^2 では

割り切れないという複素数である．このとき，複素数 $f(\alpha)$ が合同式

$$f(\alpha)\Psi(\eta_{e-r}) \equiv 0 \pmod{q}$$

を満たすなら，$f(\alpha)$ は，有理素数 q の，置き換え $\eta = u_r$ に属する理想素因子を含むと言う．

クンマーは合同式を通じて透かし見るようにして，有理素数の目に見えることのない理想素因子の姿をとらえようとしています．

理想素因子の重複度

自然数の素因数分解の場合，各々の素因数には重複度が付随します．それと同様に，理想素因子にも重複度の概念が考えられます．有理素数が理想素因子を含むというとき，同一の理想素因子を「何回含むのか」という論点を明確に規定しようとして，クンマーは次のような定義を書きました．

複素数 $f(\alpha)$ が置き換え $\eta = u_r$ に属する q の理想素因子をきっかり n 回含むというのは，合同式

$$f(\alpha)[\Psi(\eta_{e-r})]^n \equiv 0 \pmod{q^n}$$

は満たされるが，合同式

$$f(\alpha)[\Psi(\eta_{e-r})]^{n+1} \equiv 0 \pmod{q^{n+1}}$$

は成立しないことを言う．

ある複素数 $f(\alpha)$ がある理想素因子を重複して含むという条件は，$f(\alpha)$ を

$$f(\alpha) = \varphi(\eta) + \alpha\varphi_1(\eta) + \cdots + \alpha^{f-1}\varphi_{f-1}(\eta)$$

という形に表示するとき，係数 $\varphi(\eta), \varphi_1(\eta), \cdots, \varphi_{f-1}(\eta)$ に関する1次合同式により表されます．これを見るために，$f(\alpha)$ は置き換え $\eta=u_r$ に属する q の理想素因子を n 回含むとしてみます．このとき，定義により，合同式

$$[\Psi(\eta_{e-r})]^n[\varphi(\eta)+\alpha\varphi_1(\eta)+\cdots$$
$$\cdots+\alpha^{f-1}\varphi_{f-1}(\eta)]\equiv 0 \pmod{q^n}$$

が成立し，ここから f 個の合同式

$$[\Psi(\eta_{e-r})]^n\varphi_k(\eta)\equiv 0 \pmod{q^n}$$
$$(k=0,1,2,\cdots,f-1)$$

が帰結します．左辺の複素数 $[\Psi(\eta_{e-r})]^n\varphi_k(\eta)$ を

$$[\Psi(\eta_{e-r})]^n\varphi_k(\eta)$$
$$=C\eta+C_1\eta_1+C_2\eta_2+\cdots+C_{e-1}\eta_{e-1}$$

という1次式の形に表示すると，

$$[\Psi(\eta_{e-r})]^n\varphi_k(\eta)+[\Psi(\eta_{e-r+1})]^n\varphi_k(\eta_1)+\cdots+[\Psi(\eta_{e-r-1})]^n\varphi_k(\eta_{e-1})$$
$$=C\eta+C_1\eta_1+C_2\eta_2+\cdots+C_{e-1}\eta_{e-1}$$
$$+C\eta_1+C_1\eta_2+C_2\eta_3+\cdots+C_{e-1}\eta$$
$$+C\eta_2+C_1\eta_3+C_2\eta_4+\cdots+C_{e-1}\eta_1$$
$$+\cdots$$
$$+C\eta_{e-1}+C_1\eta+C_2\eta_1+\cdots+C_{e-1}\eta_{e-2}$$
$$=(C+C_1+C_2+\cdots+C_{e-1})\times(\eta+\eta_1+\eta_2+\cdots+\eta_{e-1})$$
$$=-(C+C_1+C_2+\cdots+C_{e-1})$$

と計算が進みます．このようにして得られた等式

$$[\Psi(\eta_{e-r})]^n\varphi_k(\eta)+[\Psi(\eta_{e-r+1})]^n\varphi_k(\eta_1)+\cdots$$
$$\cdots+[\Psi(\eta_{e-r-1})]^n\varphi_k(\eta_{e-1})$$
$$=-(C+C_1+C_2+\cdots+C_{e-1})$$

の両辺に $[\Psi(\eta_{e-r})]^n$ を乗じると，積 $\Psi(\eta_r)\times\Psi(\eta_s)$ は $r=s$ の場合のみをのぞいてつねに q で割り切れることに留意して，合同式

$$[\Psi(\eta_{e-r})]^{2n}\varphi_k(\eta)\equiv-(C+C_1+C_2+\cdots$$
$$\cdots+C_{e-1})[\Psi(\eta_{e-r})]^n\equiv 0\ (\mathrm{mod}.\,q^n)$$

が得られます．$[\Psi(\eta_{e-r})]^n$ は q で割り切れませんから，この合同式により，条件

$$[\Psi(\eta_{e-r})]^n\varphi_k(\eta)\equiv 0\ (\mathrm{mod}.\,q^n)$$

は１次合同式

$$C+C_1+C_2+\cdots+C_{e-1}\equiv 0\ (\mathrm{mod}.\,q^n)$$

と同等であることが明らかになります．

$k=0,1,2,\cdots,f-1$ の各々に対して，このような形の法 q^n に関する合同式が得られます．それらの f 個の１次合同式の全体が，q のある理想素因子が $f(\alpha)$ に n 回にわたって含まれるための条件を表しています．

理想素因子は実在の素因子のように振る舞う

理想素因子はまるで実在の素因子であるかのように振舞います．基本的な一例を考えるために，二つの複素数 $f(\alpha)$ と $g(\alpha)$ を取り上げて，$f(\alpha)$ には，置き換え $\eta=u_r$ に属する q の理想素因子がきっかり n 回にわたって含まれるとし，$g(\alpha)$ には同じ理想素因子がきっかり ν 回にわたって含まれているとします．このとき，$f(\alpha)$ と $g(\alpha)$ の積

$$h(\alpha)=f(\alpha)g(\alpha)$$

には同じ理想素因子がきっかり $n+\nu$ 回含まれることが期待されます．

これを確認します．仮定されていることにより，

$$f(\alpha)[\Psi(\eta_{e-r})]^n=q^nF(\alpha)$$

および

$$g(\alpha)[\Psi(\eta_{e-r})]^{\nu} = q^{\nu} G(\alpha)$$

という表示が成立します．ここで，$F(\alpha)$ と $G(\alpha)$ は $\eta = u_r$ に対して法 q に関して 0 と合同になることのない複素数です．なぜなら，もし $F(\alpha)$ と $G(\alpha)$ が $\eta = u_r$ に対して法 q に関して 0 と合同になるとすると，

$$f(\alpha)[\Psi(\eta_{e-r})]^{n} \equiv 0 \ (\mathrm{mod.}\, q^{n+1})$$

および

$$f(\alpha)[\Psi(\eta_{e-r})]^{\nu} \equiv 0 \ (\mathrm{mod.}\, q^{\nu+1})$$

となり，$f(\alpha)$ は置き換え $\eta = u_r$ に属する q の理想素因子を $n+1$ 回，$g(\alpha)$ は $\nu+1$ 回含むことになってしまうからです．二つの等式を乗じると，

$$\begin{aligned} f(\alpha)g(\alpha)[\Psi(\eta_{e-r})]^{n+\nu} &= h(\alpha)[\Psi(\eta_{e-r})]^{n+\nu} \\ &= q^{n+\nu} F(\alpha)G(\alpha) \end{aligned}$$

となります．ここでさらに $\Psi(\eta_{e-r})$ を乗じると，

$$h(\alpha)[\Psi(\eta_{e-r})]^{n+\nu+1} = q^{n+\nu} F(\alpha)G(\alpha)\Psi(\eta_{e-r})$$

という等式も得られます．積 $F(\alpha)G(\alpha)\Psi(\eta_{e-r})$ を構成する 3 個の因子 $F(\alpha), G(\alpha), \Psi(\eta_{e-r})$ に着目すると，これらのどれも置き換え $\eta = u_r$ により q に関して 0 と合同になることはありませんから，この積は q で割り切れません．それゆえ，合同式

$$h(\alpha)[\Psi(\eta_{e-r})]^{n+\nu} \equiv 0 \ (\mathrm{mod.}\, q^{n+\nu})$$

は成立しますが，

$$h(\alpha)[\Psi(\eta_{e-r})]^{n+\nu+1} \equiv 0 \ (\mathrm{mod.}\, q^{n+\nu+1})$$

となることはありません．これを言い換えると，積 $h(\alpha)$ は置き換え $\eta = u_r$ に属する q の理想素因子をきっかり $n+\nu$ 回にわたって含むということにほかなりません．これで確認されました．

他の理想素因子についても同じことが確認されます．また，2 個より多くの複素数の積を考えても同様の状況が観察されます．

理想素因子という呼称を用いると，複素数が有理素数で割り

切れるための条件は次のように簡明に言い表されます．

いくつかの複素数の積の形に表されている任意の複素数が有理素数 q で割り切れるための必要十分条件は，その複素数が q の e 個の理想素因子をすべて含んでいることである．

q^n で割り切れる複素数

今度は複素数 $f(\alpha)$ は q の理想素因子の各々を少なくとも n 回含んでいるとします．この場合，合同式

$$f(\alpha)[\Psi(\eta)]^n \equiv 0 \pmod{q^n}$$
$$f(\alpha)[\Psi(\eta_1)]^n \equiv 0 \pmod{q^n}$$
$$\cdots\cdots$$
$$f(\alpha)[\Psi(\eta_{e-1})]^n \equiv 0 \pmod{q^n}$$

が成立します．これらを加えると，

$$f(\alpha)([\Psi(\eta)]^n+[\Psi(\eta_1)]^n+\cdots+[\Psi(\eta_{e-1})]^n) \equiv 0 \pmod{q^n}$$

となります．左辺の積の第 2 因子は e 個の f 項周期 $\eta, \eta_1, \cdots, \eta_{e-1}$ の対称関数ですから，複素数ではない整数，すなわち有理整数です．しかも，その有理整数には q のいかなる理想素因子も含まれていませんから，q で割り切れることはありません．それゆえ，必然的に左辺の積の第 1 因子 $f(\alpha)$ は q^n で割り切れることになります．これで次の定理が得られました．

q のすべての理想素因子の各々を少なくとも n 回にわたって含む複素数は q^n で割り切れる．

複素数 $f(\alpha)$ の理想素因子は ノルム $\mathrm{N}f(\alpha)$ の約数を引き起こす

複素数 $f(\alpha)$ は q の n 個の理想素因子を含むとします．それらの理想素因子は異なっていてもいなくてもどちらでもさしつかえありません．$f(\alpha)$ の共役数

$$f(\alpha), f(\alpha^{\gamma}), f(\alpha^{\gamma^2}), \cdots, f(\alpha^{\gamma^{\lambda-2}})$$

の各々もまた q の n 個の理想素因子を含みますから，これらの $\lambda-1$ 個の共役数の積，すなわちノルム $\mathrm{N}f(\alpha)$ は q の $(\lambda-1)n$ 個の理想素因子を含むことになります．しかもそこには q のすべての理想素因子が等個数ずつ含まれていることもわかります．総数が $(\lambda-1)n$ で，理想素因子の種類は e 個ですから，等個数というのは $\dfrac{n(\lambda-1)}{e}$ 個，すなわち nf 個です．それゆえ，前節の定理から次の定理が帰結します．

> 複素数 $f(\alpha)$ は（冪指数 f に属する）有理素数 q の n 個の理想素因子を含むとし，それらの理想素因子は異なっていてもいなくてもよいものとする．このとき，$f(\alpha)$ のノルム $\mathrm{N}f(\alpha)$ はつねに因子 q^{nf} を含み，しかも nf より高い冪指数をもつ冪を含むことはない．

素数 λ について

素数 λ については個別に考えていく必要があります．円周等分方程式

$$\frac{x^{\lambda}-1}{x-1} = x^{\lambda-1}+x^{\lambda-2}+\cdots+1=0$$

の$\lambda-1$個の根は$\alpha, \alpha^2, \cdots, \alpha^{\lambda-1}$ですから，

$$x^{\lambda-1}+x^{\lambda-2}+\cdots+1=(x-\alpha)(x-\alpha^2)\cdots(x-\alpha^{\lambda-1})$$

と因数分解されます．そこで$x=1$と置くと，

$$\lambda=(1-\alpha)(1-\alpha^2)\cdots(1-\alpha^{\lambda-1})$$

というふうに，λは$\lambda-1$個の共役因子に分解されます．この積は$1-\alpha$のノルムですから，等式

$$\lambda=\mathrm{N}(1-\alpha)$$

が得られます．

$1-\alpha^k$ $(k=1,2,\cdots,\lambda-1)$は複素素数であることを確認します．$1-\alpha^k$が二つの複素数の積として

$$1-\alpha^k=f(\alpha)\varphi(\alpha)$$

と表されたとします．ノルムに移行すると，

$$\lambda=\mathrm{N}f(\alpha)\mathrm{N}\varphi(\alpha)$$

となりますから，λは素数であることに留意すると，$\mathrm{N}f(\alpha)$と$\mathrm{N}\varphi(\alpha)$の一方は$\lambda$，もう一方は1であることがわかります．したがって$f(\alpha)$と$\varphi(\alpha)$のどちらかは単数です．これで$1-\alpha^k$は複素素数であることがわかりました．

λの素因子は他のあらゆる素数の複素素因子と区別されます．というのは，複素単数を取り除けばλのすべての素因子は互いに等しいことになるからです．実際，

$$1-\alpha^k=(1-\alpha)(1+\alpha+\alpha^2+\cdots+\alpha^{k-1})$$

と因数分解されますが，$1+\alpha+\alpha^2+\cdots+\alpha^{k-1}$は複素単数でしかありません．このようなわけで，ある与えられた複素数にλの素因子が含まれているか否かを調べる際に問題となるのは，λの**どのような**因子が含まれるのかということではなく，**何個の**因子を含むのかということのみであることになります．しかも，そのために調べなければならないのは，**与えられた複素数のノルム**が因子λを何回にわたって含むのかということだけです．

なぜなら，ある複素数に含まれる素因子 $1-\alpha$ の個数は，その複素数のノルムに含まれる λ の個数と明らかに同じだからです．

λ の素因子についてのこの注意事項を先ほどの定理と組合わせると，次の定理が帰結します．

複素数 $f(\alpha)$ のノルムはつねに

$$\mathrm{N}f(\alpha)=\lambda^n q^{mf}\cdot q'^{\,m'f'}\cdot q''^{\,m''f''}\cdots$$

という形である．ここで，$q, q', q'', \cdots$ はそれぞれ冪指数 $f, f', f'', \cdots$ に属する素数，$n, m, m', m'', \cdots$ は正整数もしくは 0 である．

ノルム $\mathrm{N}f(\alpha)$ に含まれる素因子 $\lambda, q, q', q'', \cdots$ は有限個でしかありませんから，複素数 $f(\alpha)$ 自身も有限個の理想素因子を含むにすぎず，しかもそれらはここまでに語られた諸定義により完全に定められます．このような状況から次に挙げる「重要な定理」(クンマーの言葉)が帰結します．

どのような与えられた複素数も，完全に定められた有限個の理想素因子だけしか含まない．

わけてもこの定理こそ，理想素因子の概念を正当化するのだというのがクンマーの所見です．

第 11 章
理想複素数の分類

二つの複素数が単数を除いて一致するための条件

これまでに，ある複素数が与えられたとき，その複素数に含まれる理想素因子は有限個であり，しかもそれらの有限個の理想素因子は完全に確定するというところまで進みました．クンマーは理想素因子というものを考えることの正当性をこの事実に求めていました．有理整数の世界では，どのような合成数もただひととおりの仕方でいくつかの素因数に分解すること，言い換えると素因数分解の可能性とその一意性が成立し，加減乗除の計算の根幹を支える役割を果しています．ところが，複素数の世界ではこの基本中の基本の事実が必ずしも成立せず，クンマーの思索の歩みをさえぎる高い壁がそびえています．クンマーの思索が理想素因子の考察に向っていった理由がそこにあります．複素数を構成する基本要素は複素素数ではなく，理想素因子であることが明らかになりましたので，これによって理想素因子の概念は正当化されたというのがクンマーの所見です．

複素数は，そこに含まれる理想素因子によりほぼ確定します．ほぼというのは単数まで込めて決定することはできないからで，正確に言うと，次の定理が成立します．

二つの合成数が同一の理想素因子を含むなら，それらの合成数は，それぞれに乗じられている複素単数が異なるのみである．

これを確認します．$f(\alpha)$ と $\varphi(\alpha)$ に含まれる理想因子は同じとして，

$$\mathrm{N}f(\alpha)=\mathrm{N}\varphi(\alpha)=\lambda^n q^{mf} q'^{m'f'}\cdots$$

とします．このとき，積

$$f(\alpha)\varphi(\alpha^{\gamma})\varphi(\alpha^{\gamma^2})\cdots\varphi(\alpha^{\gamma^{\lambda-2}})$$

には $\mathrm{N}\varphi(\alpha)$ の理想素因子のすべてが含まれています．ここで，等式

$$\lambda=(1-\alpha)(1-\alpha^2)(1-\alpha^3)\cdots(1-\alpha^{\lambda-1})$$

が成立し，$1-\alpha^k$ $(k=2,3,\cdots,\lambda-1)$ はどれもみな $1-\alpha$ とある複素単数との積になります．実際，

$$1-\alpha^k=(1-\alpha)\times\frac{1-\alpha^k}{1-\alpha}$$

と表示するとき，$\dfrac{1-\alpha^k}{1-\alpha}$ は複素単数です．したがって，λ と $(1-\alpha)^{\lambda-1}$ は複素単数を別にすると同じ数です．言い換えると，一方の数にある複素単数を乗じるともう一方の数になります．この事実を踏まえ，$\mathrm{N}\varphi(\alpha)$ は λ^n で割り切れることに留意すると，上記の積 $f(\alpha)\varphi(\alpha^{\gamma})\varphi(\alpha^{\gamma^2})\cdots\varphi(\alpha^{\gamma^{\lambda-2}})$ は素因子 $1-\alpha$ を $n(\lambda-1)$ 回にわたって含むことがわかります．それゆえ，この積は λ^n で割り切れます．また，この積は q の理想素因子のすべてを含み，しかも各々が mf 回にわたって含まれています．q' の理想素因子をもすべて含み，しかも各々が $m'f'$ 回ずつ含まれています．この積を割り切る他の有理素数についても同様です．

一般に，有理素数 q のすべての理想素因子の各々を n 回にわたって含む複素数は q^n で割り切れることに留意すると，積

$$f(\alpha)\varphi(\alpha^{\gamma})\varphi(\alpha^{\gamma^2})\cdots\varphi(\alpha^{\gamma^{\lambda-2}})$$

は q^{mf}, $q'^{m'f'}$,… で割り切れることがわかります．それゆえ，この積は $\mathrm{N}\varphi(\alpha)$ で割り切れることになります．そこで，

$$\frac{f(\alpha)\varphi(\alpha^{\gamma})\varphi(\alpha^{\gamma^2})\cdots\varphi(\alpha^{\gamma^{\lambda-2}})}{\mathrm{N}\varphi(\alpha)}=\frac{f(\alpha)}{\varphi(\alpha)}=\mathrm{E}(\alpha)$$

と置くと，$\mathrm{E}(\alpha)$ は複素整数であり，等式

$$f(\alpha)=\varphi(\alpha)\mathrm{E}(\alpha)$$

が成立します．ノルムを作ると，

$$\mathrm{N}f(\alpha)=\mathrm{N}\varphi(\alpha)\mathrm{NE}(\alpha).$$

これより

$$\mathrm{NE}(\alpha)=1$$

が導かれますが，これは $\mathrm{E}(\alpha)$ が複素単数であることを示しています．

有理整数の世界ではあたりまえのように観察される現象が，複素整数の世界でも成立することがこれで確められました．その際，複素整数域では，複素素数ではなく理想素因子が，有理整数域での素数の役割を果たします．

ある複素数が他の複素数で割り切れるための条件 — 理想素因子の視点より

有理整数域では，ある a がもうひとつの数 b で割り切れるための条件は b の素因子がすべて a の素因子でもあることです．複素整数域においても，素因子を理想素因子に置き換えれば同じ状況が観察されます．言い換えると，次の定理が成立します．

複素数 $f(\alpha)$ が複素数 $\varphi(\alpha)$ で割り切れるための必要十分条件は，$\varphi(\alpha)$ の理想素因子のすべてが $f(\alpha)$ に含まれていることである.

$f(\alpha)$ が $\varphi(\alpha)$ の理想素因子をことごとくみな含むのでなければ，$f(\alpha)$ が $\varphi(\alpha)$ で割り切れることはありません．これを言い換えると，$f(\alpha)$ が $\varphi(\alpha)$ で割り切れるとすると，$f(\alpha)$ は $\varphi(\alpha)$ のすべての理想素因子を含むということにほかなりません．まずこれを確かめます．$f(\alpha)$ は $\varphi(\alpha)$ で割り切れるとすると，

$$\frac{f(\alpha)}{\varphi(\alpha)} = Q(\alpha)$$

と置くとき，$Q(\alpha)$ は複素整数で，等式

$$f(\alpha) = Q(\alpha)\varphi(\alpha)$$

が成立します．これを見れば明らかなように，積 $f(\alpha)$ は $Q(\alpha)$ と $\varphi(\alpha)$ のすべての理想素因子をもっていますから，$f(\alpha)$ には $\varphi(\alpha)$ の理想素因子のすべてが含まれています．

逆に，$f(\alpha)$ は $\varphi(\alpha)$ のすべての理想素因子を含むとします．前の定理の証明における論証をたどると，積

$$f(\alpha)\varphi(\alpha^{\gamma})\varphi(\alpha^{\gamma^2})\cdots\varphi(\alpha^{\gamma^{\lambda-2}})$$

は $\mathrm{N}\varphi(\alpha)$ で割り切れることがわかります．それゆえ，商

$$\frac{f(\alpha)\varphi(\alpha^{\gamma})\varphi(\alpha^{\gamma^2})\cdots\varphi(\alpha^{\gamma^{\lambda-2}})}{\mathrm{N}\varphi(\alpha)} = \frac{f(\alpha)}{\varphi(\alpha)} = Q(\alpha)$$

を作ると，$Q(\alpha)$ は複素整数であることがわかります．

この「主定理(le théorème principal)」から，次に挙げる定理がすぐに導かれます．

ある複素数の冪がいくつかの互いに素な因子に分解されたとき，それらの因子はそれぞれ別々に，同じ形の冪に複素単数が乗じられたものになる．

理想複素数とは

ここでクンマーは，理想複素数(les nombres complexes idèaux)は実在の因子と同じ役割を果たすからという理由を挙げて，これからは理想複素数も実在の複素数と同じように $f(\alpha), \varphi(\alpha)$ のように表記することにすると宣言しています．理想複素数をこのように表記すると何かしら実体のあるもののような印象を受けますが，そういうわけではなく，単に実在の複素数と同じ記号を用いると取り決めるだけですから便宜上のことです．

「理想素因子(les facteurs premiers idéaux)」ではなく「理想複素数」という表記はここではじめて現れました．クンマーの説明によると，たとえば $f(\alpha)$ とは何かというと，理想素因子を語った際に課された一定の個数の条件を満たす複素数のことということです．理想素因子は何かある個物としてそれ自体として規定されたのではなく，ある複素数が理想素因子を含むという状態が語られたのでした．細かな状況は省いて，「複素数が理想素因子を含む」ということのみを再現すると次のとおりです．

複素数 $f(\alpha)$ は，

$$\eta = u_r \text{ に対して } f(\alpha) \equiv 0 \ (\mathrm{mod.}\, q)$$

という条件を満たすとする．このとき，$f(\alpha)$ は素数 q の置き換え $\eta = u_r$ に属する理想素因子を含むと言う．

ある複素数が1個の理想素因子を含むということの意味は，この文言により明瞭です．それなら，ある複素数が同時にいくつもの理想素因子を含んでいる状況も考えられますし，その場合，その状況をさして,「理想複素数を含む」と言い表そうというのは自然な言葉遣いです．個々の理想素因子に個物のイメージをまとわせると，いくつかの理想素因子の集まりのイメージも生れます．そこで，いくつかの理想素因子が集って1個の理想複素数を形作っているというふうに諒解し，それを通常の複素数と同じく $f(\alpha)$ のように表記するというのがクンマーの提案です．

理想複素数のノルム

理想複素数を含む (実在の) 複素数のノルムを経由することにより，理想複素数についても，そのノルムが考えられます．$f(\alpha)$ は理想複素数ではない実在の複素数とし，冪指数 f に属する有理素数 q の m 個の理想素因子，冪指数 f' に属する有理素数 q' の m' 個の理想素因子，…を含むとします．このとき，ノルム $Nf(\alpha)$ は q のすべての理想素因子の各々を mf 個ずつ含みますから，q^{mf} で割り切れます．同様に，このノルムは $q'^{m'f'}$ で割り切れます．以下も同様です．このノルムは他の理想素因子を含みませんから，複素単数は別にして，$q^{mf}q'^{m'f'}\cdots$ に等しいことになります．

q の m 個の理想素因子，q' の m' 個の理想素因子，…の総体は1個の理想複素数を作っています．それを $\varphi(\alpha)$ で表すと，そのノルムは $f(\alpha)$ のノルムの因子として姿を現します．これで理想複素数のノルムはつねに実在の複素数であることがわかりました．

理想乗法子 ― 理想複素数を実在の複素数に転換する

理想複素数のノルムを考えるという場合，理想複素数それ自体を考えることはできませんから，それを含む実在の複素数という，いわば容器に包まれている状態が想定されています．理想複素数はそれを含む実在の複素数を前提として考えられています．理想複素数 $f(\alpha)$ が与えられたとき，それを因子としてもつような実在の複素数 $F(\alpha)$ はつねに存在し，しかも無数に存在します．これを言い換えると，理想乗法子ともいうべき理想複素数が無数に存在して，それらを $f(\alpha)$ に乗じると実在の複素数が出現するということになります．そこで，そのような理想乗法子のうち，$f(\alpha)$ との積のノルムがなるべく小さくなるものを選ぶことにしてみます．個々の理想複素数についてそのような理想乗法子が定まりますから，無数の乗法子が見つかることになりますが，実は**あらゆる理想複素数を実在化する力のある有限個の理想乗法子が存在する**という，注目に値する事実が認められます．

これを確認します．q は冪指数 f に属する有理素数，q' は冪指数 f' に属する有理素数，…とします．$f(\alpha)$ は理想複素数で，置き換え $\eta=u_r$ に属する q の理想素因子を m 回，置き換え $\eta'=u'_{r'}$ に属する q' の理想素因子を m' 回，…含むものとします．最後に，

$$\mathrm{F}(\alpha)=x_1\alpha+x_2\alpha^2+x_3\alpha^3+\cdots+x_{\lambda-1}\alpha^{\lambda-1}$$

は実在する複素数で，$f(\alpha)$ のすべての理想素因子を含むもの，言い換えると，$f(\alpha)$ それ自身を含むものとします．$\mathrm{F}(\alpha)$ が置き換え $\eta=u_r$ に属する q の理想素因子を m 回にわたって含むという条件は，合同式

$$[\Psi(\eta_{e-r})]^m\mathrm{F}(\alpha)\equiv 0 \pmod{q^m}$$

により表されます．これは，$\mathrm{F}(\alpha)$ の係数に関する f 個の合同式

と同等です．そこで，それらの f 個の合同式を

$$\Phi \equiv 0, \Phi_1 \equiv 0, \cdots, \Phi_{f-1} \equiv 0 \pmod{q^m}$$

とします．同様に，$\mathrm{F}(\alpha)$ が置き換え $\eta' = u'_{r'}$ に属する q' の理想素因子を m' 回にわたって含むための必要十分条件は f' 個の合同式により与えられます．それらの合同式を

$$\Phi' \equiv 0,\ \Phi'_1 \equiv 0, \cdots, \Phi'_{f'-1} \equiv 0 \pmod{q'^{m'}}$$

とします．他の理想素因子についても同様に続きます．

このように状勢を整えておいたうえで，$\mathrm{F}(\alpha)$ の $\lambda-1$ 個の係数 $x_1, x_2, x_3, \cdots, x_{\lambda-1}$ に k 個の数 $0, 1, 2, \cdots, k-1$ を割り当ててこれらの係数のさまざまな値の組合せを作ると，全部で $k^{\lambda-1}$ 組の異なる組合せが得られます．他方，f 個の量 $\Phi, \Phi_1, \cdots, \Phi_{f-1}$ の各々が法 q^m に関してもたらしうる剰余の個数は q^m 個でしかありません．同様に，f' 個の量 $\Phi', \Phi'_1, \cdots, \Phi'_{f'-1}$ の各々が法 $q'^{m'}$ に関してもたらしうる剰余の個数は $q'^{m'}$ 個でしかありません．以下も同様に続きます．Φ という文字で表される全部で $f+f'+\cdots$ 個の量の異なる剰余の組合せの総数は $q^{mf} q'^{m'f'} \cdots$ になります．

数 k を十分に大きくとると，$q^{mf} q'^{m'f'} \cdots < k^{\lambda-1}$ となります．これを言い換えると，係数 $x_1, x_2, x_3, \cdots, x_{\lambda-1}$ の値の異なる組合せの総数のほうが，Φ という文字で表される全部で $f+f'+\cdots$ 個の量の剰余の異なる組合せの総数よりも大きいということですから，係数の値の異なる組合せがことごとくみな剰余の異なる組合せに対応するわけではないということになります．そのような係数の組合せのひとつを

$$x_1 = a_1, x_2 = a_2, x_3 = a_3, \cdots, x_{\lambda-1} = a_{\lambda-1}$$

とします．この組合せに対し，もうひとつの係数の値の組合せ

$$x_1 = b_1, x_2 = b_2, x_3 = b_3, \cdots, x_{\lambda-1} = b_{\lambda-1}$$

が見つかり，それらのそれぞれに対し，文字 Φ で表される量のすべては同一の剰余をもたらします．文字 Φ で表される量は係

数 $x_1, x_2, x_3, \cdots, x_{\lambda-1}$ を用いて構成されますが，その構成様式を観察すると量 Φ はみな $x_1, x_2, x_3, \cdots, x_{\lambda-1}$ の１次式です．それゆえ，

$$x_1 = a_1 - b_1, x_2 = a_2 - b_2, \cdots, x_{\lambda-1} = a_{\lambda-1} - b_{\lambda-1}$$

という値の組合せを作ると，この組合せは $\mathrm{F}(\alpha)$ が理想因子 $f(\alpha)$ を含むために要請される合同式をすべて満たしていることがわかります．

そこで，k は条件 $k^{\lambda-1} > \mathrm{N}f(\alpha)$ を満たすとすると，大きさが $k-1$ をこえることのない正負の整数を係数にもつ複素数の間に，理想因子 $f(\alpha)$ を含むものがつねに存在することが明らかになりました．

二つの複素数 $\mathrm{F}(\alpha)$ と $\mathrm{F}(\alpha^{-1})$ の積を展開し，次に α を順次 $\alpha^2, \alpha^3, \cdots, \alpha^{\frac{\lambda-1}{2}}$ に変え，そのようにして得られる積のすべてを加えると，等式

$$\begin{aligned}&\mathrm{F}(\alpha)\mathrm{F}(\alpha^{-1}) + \mathrm{F}(\alpha^2)\mathrm{F}(\alpha^{-2}) + \cdots \\ &\qquad\qquad \cdots + \mathrm{F}(\alpha^{\frac{\lambda-1}{2}})\mathrm{F}(\alpha^{-\frac{\lambda-1}{2}}) \\ &= \frac{1}{2}\lambda(x_1^2 + x_2^2 + x_3^2 + \cdots + x_{\lambda-1}^2) \\ &\qquad - \frac{1}{2}(x_1 + x_2 + x_3 + \cdots + x_{\lambda-1})^2\end{aligned}$$

が得られます．

これを確認します．$\mathrm{F}(\alpha)$ と $\mathrm{F}(\alpha^{-1})$ の積を作ると，

$$\begin{aligned}\mathrm{F}(\alpha)\mathrm{F}(\alpha^{-1}) &= (x_1\alpha + x_2\alpha^2 + \cdots + x_{\lambda-1}\alpha^{\lambda-1}) \\ &\qquad \times (x_1\alpha^{-1} + x_2\alpha^{-2} + \cdots + x_{\lambda-1}\alpha^{-(\lambda-1)}) \\ &= x_1^2 + x_2^2 + \cdots + x_{\lambda-1}^2 + \sum_{i,j=1, i \neq j}^{\lambda-1} x_i x_j \alpha^{i-j}.\end{aligned}$$

α を α^k $\left(k = 2, 3, \cdots, \dfrac{\lambda-1}{2}\right)$ に変えると，

$$
\begin{aligned}
&\mathrm{F}(\alpha^k)\mathrm{F}(\alpha^{-k})\\
&=(x_1\alpha^k+x_2\alpha^{2k}+\cdots+x_{\lambda-1}\alpha^{(\lambda-1)k})\\
&\qquad\times(x_1\alpha^{-k}+x_{2k}\alpha^{-2k}+\cdots+x_{\lambda-1}\alpha^{-(\lambda-1)k})\\
&=x_1^2+x_2^2+\cdots+x_{\lambda-1}^2+\sum_{i,j=1,\ i\neq j}^{\lambda-1}x_ix_j\alpha^{(i-j)k}.
\end{aligned}
$$

これらを加えると，

$$
\begin{aligned}
\sum_{k=1}^{\frac{\lambda-1}{2}}\mathrm{F}(\alpha^k)\mathrm{F}(\alpha^{-k})&=\frac{\lambda-1}{2}(x_1^2+x_2^2+\cdots+x_{\lambda-1}^2)\\
&\quad+\sum_{i,j=1,\ i\neq j}^{\lambda-1}x_ix_j\left(\sum_{k=1}^{\frac{\lambda-1}{2}}\alpha^{(i-j)k}\right)\\
&=\frac{\lambda}{2}(x_1^2+x_2^2+\cdots+x_{\lambda-1}^2)-\frac{1}{2}(x_1^2+x_2^2+\cdots+x_{\lambda-1}^2)\\
&\quad+\sum_{i>j}x_ix_j\left(\sum_{k=1}^{\frac{\lambda-1}{2}}(\alpha^{(i-j)k}+\alpha^{-(i-j)k})\right).
\end{aligned}
$$

ここで，和

$$
\sum_{k=1}^{\frac{\lambda-1}{2}}(\alpha^{(i-j)k}+\alpha^{-(i-j)k})
$$

は方程式

$$
\frac{x^\lambda-1}{x-1}=x^{\lambda-1}+x^{\lambda-2}+\cdots+1=0
$$

の根の総和ですから -1 に等しくなります．計算を進めると，

$$
\begin{aligned}
\sum_{k=1}^{\frac{\lambda-1}{2}}\mathrm{F}(\alpha^k)\mathrm{F}(\alpha^{-k})&=\frac{\lambda}{2}(x_1^2+x_2^2+\cdots+x_{\lambda-1}^2)\\
&\qquad-\frac{1}{2}\left(x_1^2+x_2^2+\cdots+x_{\lambda-1}^2+2\sum_{i>j}x_ix_j\right)\\
&=\frac{\lambda}{2}(x_1^2+x_2^2+x_3^2+\cdots+x_{\lambda-1}^2)\\
&\qquad-\frac{1}{2}(x_1+x_2+x_3+\cdots+x_{\lambda-1})^2.
\end{aligned}
$$

これで確認されました．

係数 $x_1,x_2,x_3,\cdots,x_{\lambda-1}$ は，符号は考えないことにすると $k-1$

をこえることはありませんから，この等式から不等式

$$\mathrm{F}(\alpha)\mathrm{F}(\alpha^{-1})+\mathrm{F}(\alpha^2)\mathrm{F}(\alpha^{-2})+\cdots$$
$$\cdots+\mathrm{F}(\alpha^{\frac{\lambda-1}{2}})\mathrm{F}(\alpha^{-\frac{\lambda-1}{2}})\leqq\frac{1}{2}\lambda(\lambda-1)(k-1)^2$$

が導かれます．ここで，相加平均と相乗平均の大小関係を教える不等式を用います．一般に，n 個の正数 $a_1,a_2,\cdots,a_n$ に対し，それらの積よりもそれらの相加平均の n 乗のほうが大きいこと，すなわち不等式

$$a_1a_2\cdots a_n\leqq\left(\frac{a_1+a_2+\cdots+a_n}{n}\right)^n$$

が成立します．これを，

$$a_1=\mathrm{F}(\alpha)\mathrm{F}(\alpha^{-1}),\ a_2=\mathrm{F}(\alpha^2)\mathrm{F}(\alpha^{-2}),\cdots$$
$$a_{\frac{\lambda-1}{2}}=\mathrm{F}(\alpha^{\frac{\lambda-1}{2}})\mathrm{F}(\alpha^{-\frac{\lambda-1}{2}})$$

に対して適用すると，

$$a_1a_2\cdots a_{\frac{\lambda-1}{2}}\leqq\left(\frac{2}{\lambda-1}(a_1+a_2+\cdots+a_{\frac{\lambda-1}{2}})\right)^{\frac{\lambda-1}{2}}$$
$$\leqq\lambda^{\frac{\lambda-1}{2}}(k-1)^{\lambda-1}$$

となります．ところが，積 $a_1a_2\cdots a_{\frac{\lambda-1}{2}}$ は $\mathrm{F}(\alpha)$ のノルムにほかなりません．これで不等式

$$\mathrm{NF}(\alpha)\leqq\lambda^{\frac{\lambda-1}{2}}(k-1)^{\lambda-1}$$

が得られました．

数 k には $k^{\lambda-1}>\mathrm{N}f(\alpha)$ という条件が課されていますが，不等式 $(k-1)^{\lambda-1}<\mathrm{N}f(\alpha)$ が同時に満たされるように選定することもできます．当初からこのように k を定めておくと，上記の計算を繰り返して，不等式

$$\mathrm{NF}(\alpha)<\lambda^{\frac{\lambda-1}{2}}\mathrm{N}f(\alpha)$$

が成立します．

この複素数 $\mathrm{F}(\alpha)$ を実際に二つの理想因子 $\varphi(\alpha), f(\alpha)$ の積として，

$$F(\alpha)=\varphi(\alpha)f(\alpha)$$

と表示してみます．これを言い換えると，理想複素数 $f(\alpha)$ に理想因子 $\varphi(\alpha)$ を乗じると実在の複素数 $F(\alpha)$ になり，しかもその $F(\alpha)$ は不等式 $NF(\alpha)<\lambda^{\frac{\lambda-1}{2}}Nf(\alpha)$ を満たすということにほかなりません．

ノルムを作ると，

$$NF(\alpha)=N\varphi(\alpha)Nf(\alpha)$$

となりますが，先ほど得られた不等式により，$\varphi(\alpha)$ は不等式

$$N\varphi(\alpha)<\lambda^{\frac{\lambda-1}{2}}$$

を満たします．ところが，ノルムが $\lambda^{\frac{\lambda-1}{2}}$ より小さい理想複素数は有限個しか存在しません．これで，**有限個の理想乗法子が存在して，あらゆる理想複素数はそれらの理想乗法子のいずれかとの積を作ると実在の複素数に転換する**ことがわかりました．

理想複素数の分類

理想複素数を実在の複素数に変える働きを示す乗法子を梃子として，理想複素数の分類が行われます．クンマーはまずはじめに**同値な理想数**（**nombres idéaux équivalents**）というものの定義を書きました．二つの理想複素数が同値というのは，それらを実在の複素数に変える力のある乗法子が共有されていることを意味しています．言い換えると，ある乗法子について，それを乗じると実在化する理想因子はどれもみな同値です．同値な理想複素数の全体をひとまとめにして，それをクラスと呼びました．

「クラス」の原語は classe で，「類」という訳語があてはまります．実在の複素数もこの分類に加えることにして，実在の複素数の全体は１個のクラスを作ると考えることにします．クンマ

ーはこのクラスを**主類**(**la classe principale**)と呼びました.

理想複素数に実在の複素数を乗じても，その積が実在の複素数になることはありません．実際，理想複素数 $f(\alpha)$ に実在の複素数 $\varphi(\alpha)$ を乗じて，積 $\psi(\alpha)=f(\alpha)\varphi(\alpha)$ が実在の複素数になったとすると， $f(\alpha)=\dfrac{\psi(\alpha)}{\varphi(\alpha)}$ は二つの実在の複素数 $\psi(\alpha)$ と $\varphi(\alpha)$ の商ですから，やはり実在の複素数であることになってしまい，ありえない事態に直面してしまいます.

あらためて，$f(\alpha)$ と $\varphi(\alpha)$ は二つの同値な理想複素数とし，$\psi(\alpha)$ はこれらを実在の複素数に変える乗法子とします．$\chi(\alpha)$ もまた $f(\alpha)$ を実在化する乗法子で，積 $\chi(\alpha)f(\alpha)$ は実在の複素数になるとします．このとき，積 $\chi(\alpha)\varphi(\alpha)$ もまた実在の複素数になります．実際，$\psi(\alpha)f(\alpha)$ は実在の複素数ですから，積

$$\psi(\alpha^2)\psi(\alpha^3)\cdots\psi(\alpha^{\lambda-1})\,f(\alpha^2)\,f(\alpha^3)\cdots f(\alpha^{\lambda-1})$$

もまた実在の複素数です．そこで二つの実在の複素数 $\psi(\alpha)\varphi(\alpha)$ と $\chi(\alpha)f(\alpha)$ を乗じると，実在する数

$$\varphi(\alpha)\chi(\alpha)\mathrm{N}\psi(\alpha)\mathrm{N}f(\alpha)$$

が得られますが，ここから実在する因子 $\mathrm{N}\psi(\alpha)\mathrm{N}f(\alpha)$ を取り除くと，残される積 $\varphi(\alpha)\chi(\alpha)$ は実在する数であることになります.

同値な理想複素数が作るクラスには，ある乗法子が対応し，このクラスに属する理想複素数にその乗法子を乗じると，すべての積が実在の複素数になります．この場合，このクラスは乗法子の選定に依存するか否かということが問題になります．というのは，他の乗法子を取り上げたとき，このクラスの理想複素数の間に，その乗法子を乗じると実在化するものもあれば，実在化しないものもあるという現象が起こるかもしれないからですが，そのようなことはありえないことが先ほど確認されま

した．

今度は $f(\alpha)$ は $\psi(\alpha)$ と同値とし，$\varphi(\alpha)$ もまた $\psi(\alpha)$ と同値とします．このとき，$f(\alpha)$ は $\varphi(\alpha)$ と同値です．なぜなら，$\psi(\alpha)$ を実在化する理想乗法子は $f(\alpha)$ と $\varphi(\alpha)$ の双方を実在化するからです．

あらゆる理想複素数は有限個の理想乗法子のいずれかにより実在化されますから，理想複素数の全体は有限個のクラスに区分けされることがわかります．

第12章

回想と展望(その1) ——理想複素数の類別

理想複素数のクラス分け

理想乗法子に着目するとあらゆる理想複素数がクラス分けされ，しかもクラスの個数は有限にとどまるというところまで話が進みました．ある乗法子に着目すると，それを乗じることにより実在の複素数に転化するという性質を備えた理想複素数をすべて集めて1個のクラスが生成されます．乗法子の個数は有限個ですから，クラスの個数もまた有限です．それらのクラスの中にひとつの特別なクラスがあり，それを**主類**(**class principal**)と呼ぶということも話題にのぼりました．主類とは何かというと，実在する複素数の全体の作るクラスのことです．理想複素数に実在する数を乗じても実在する数が出現することはないという簡明な事実が，さまざまなクラスの間で主類の占める特別の役割を示唆しています．

「主類」の原語は la classe principale です．「主立ったクラス」という意味ですが，「主クラス」とするのも変ですので「主類」という訳語をあてました．

ある乗法子を指定すると1個のクラスが定まります．二つの乗法子を指定すると2個のクラスが定まりますが，それらは完全に一致するか，あるいはいかなる理想複素数も共有することがないかのいずれかです(153 頁参照).

理想複素数の同値類別

乗法子に関連して，同値な理想複素数という概念も提示されました．二つの理想複素数が同値というのは，それらを実在の複素数に転化する力を備えた共通の乗法子が存在することを指して，そのように言うのでした．この同値性について，クンマーはひとつの注意事項を書き留めています．それは，$f(\alpha)$ は $\psi(\alpha)$ と同値とし，$\varphi(\alpha)$ もまた $\psi(\alpha)$ と同値とすると，$f(\alpha)$ と $\varphi(\alpha)$ もまた同値になるという事実です．実際，$f(\alpha)$ と $\psi(\alpha)$ は同じ乗法子 $\chi(\alpha)$ を乗じることにより実在の複素数になるとすると，この乗法子 $\chi(\alpha)$ により $\varphi(\alpha)$ もまた実在の複素数に転化します．

この事実を踏まえて，同値な理想複素数の全体を 1 個のクラスと見ることにすると，またしても理想複素数のクラス分けが定まります．既述のクラス分けと合わせて 2 通りのクラス分けが現れましたが，別種のクラスが生じるわけではありません．実際，ある乗法子 $\psi(\alpha)$ により実在の複素数に転化する理想複素数の全体の作るクラスを考えると，このクラスに所属する理想複素数はどの二つも明らかに同値です．また，このクラスに所属するどの理想複素数 $f(\alpha)$ に対しても，$f(\alpha)$ と同値な理想複素数 $\psi(\alpha)$ は，記述の確認事項により，$\psi(\alpha)$ により実在の複素数に転化しますから，同じクラスに所属します．

理想複素数のクラスの積とアンビグ類

$f(\alpha), f_1(\alpha)$ は同値な理想複素数とし，どちらも同一の乗

法子 $\psi(\alpha)$ により実在の複素数に転化するとします．同様に，$\varphi(\alpha), \varphi_1(\alpha)$ もまた同値な理想複素数で，共通の乗法子 $\chi(\alpha)$ により実在の複素数に転化するとします．このとき，二つの乗法子の積 $\psi(\alpha)\chi(\alpha)$ を作り，この積を二つの積 $f(\alpha)\varphi(\alpha)$, $f_1(\alpha)\varphi_1(\alpha)$ のそれぞれに乗じるとどちらも実在の複素数になりますから，これらの積は同値です．これで「理想複素数クラスの積」が定まります．

二つのクラスを A, B と表記して，それぞれのクラスに所属する理想複素数 $f(\alpha), \varphi(\alpha)$ を任意に選定してそれらの積 $f(\alpha)\varphi(\alpha)$ を作り，その積が所属するクラスを C としてみます．A, B のそれぞれから別の理想複素数 $f_1(\alpha), \varphi_1(\alpha)$ を選び，それらの積 $f_1(\alpha)\varphi_1(\alpha)$ を作ると，先ほど確認されたことにより，この積もまたクラス C に所属します．そこでこのクラス C を A, B の積と考えることにするのは根拠のある営為です．

今度はある理想複素数 $f(\alpha)$ が与えられたとします．さまざまなクラスを $A, A', A'', \cdots$ と表記し，それぞれのクラスから任意にひとつずつ理想複素数 $\varphi(\alpha), \varphi'(\alpha), \varphi''(\alpha), \cdots$ を選び，$f(\alpha)$ との積

$$f(\alpha)\varphi(\alpha),\ f(\alpha)\varphi'(\alpha),\ f(\alpha)\varphi''(\alpha), \cdots$$

を作ると，これらはどの二つも同値ではありません．実際，たとえば $f(\alpha)\varphi(\alpha)$ と $f(\alpha)\varphi'(\alpha)$ が同値とすると，双方を同時に実在の複素数に転化する力のある乗法子 $\chi(\alpha)$ が存在します．すなわち，積 $\chi(\alpha)f(\alpha)\varphi(\alpha)$, $\chi(\alpha)f(\alpha)\varphi'(\alpha)$ はどちらも実在の複素数です．これは，$\varphi(\alpha)$ と $\varphi'(\alpha)$ が同一の乗法子 $\chi(\alpha)f(\alpha)$ により実在の複素数になることを示しています．ところが，$\varphi(\alpha)$ と $\varphi'(\alpha)$ は異なるクラスに所属しているのですから，このようなことはありえません．

それゆえ，これらの積 $f(\alpha)\varphi(\alpha), f(\alpha)\varphi'(\alpha)$, $f(\alpha)\varphi''(\alpha), \cdots$ は

異なるクラスに所属することになり，しかもそれらのクラスの個数はクラスの総個数と一致します．それゆえ，それらのクラスのひとつは主類です．この状況を観察すると，次のように言うことが許されます．

各々のクラス A に対し，あるクラス B が対応し，積 AB は主類になる．

これを言い換えると，クラス A に所属する理想複素数とクラス B に所属する理想複素数の積は実在の複素数になるということにほかなりません．

ここでクンマーは特別のタイプのクラスを提示しました．それは「自分自身との積が主類になるクラス」のことで，クンマーはこれを classes ambiguë と呼びました．ambigu というのは「あいまいな」「いろいろな意味にとれる」「両義的な」「両面的な」というほどの意味の形容詞ですので，「両面的なクラス」というほどの意味になりますが，「主類」の場合と同様に考えて，ここでは「アンビグ類」と呼ぶことにします．主類はアンビグ類ですが，他のアンビグ類が存在するか否かは数 λ によって定まります．

理想複素数のクラスの総数を数える

理想複素数 $f(\alpha)$ の整冪指数冪を次々と作り，

$$f(\alpha), f(\alpha)^2, f(\alpha)^3, f(\alpha)^4, \cdots$$

と配列していくと，これらのうちどれか二つは必ず同値になります．というのは，異なるクラスに所属する冪は有限個しかないからです．そこで $f(\alpha)^r$ と $f(\alpha)^s$ は同値とし，$s>r$ とします．

$\Psi(\alpha)$ は $f(\alpha)^r, f(\alpha)^s$ を同時に実在化する乗法子とし，これらの二つの積の商を作ると，$f(\alpha)^{s-r}$ は実在の数であることがわかります．これで次の「重要な定理」（クンマーの言葉）が得られました．

どのような理想複素数も適当な整数冪を作ると実在の複素数になる．

あるいは次のようにも言えます．

どのような理想複素数もある実在の複素数の冪根として表される．

$f(\alpha)$ の適当な整数冪は実在の複素数になりますが，そのような整冪指数のうち最小のものを h とすると，系列

$$1, f(\alpha), f(\alpha)^2, f(\alpha)^3, \cdots, f(\alpha)^{h-1}$$

に所属する h 個の理想複素数はどれもみな異なるクラスに所属します（1 は実在の複素数ですが，言葉を流用して特別の理想複素数と見ることにします）．実際，この系列に所属する二つの冪 $f(\alpha)^r$ と $f(\alpha)^s$ が同値としてみます．r と s は h より小さい正の整数で，$r<s$ とすると，$f(\alpha)^{s-r}$ は実在の複素数であることになります．ところが $s-r<h$ ですから，これは h に課された仮定に反しています．

この系列を作る h 個の数で表される h 個のクラスによりあらゆるクラスが汲み尽くされるということもありえます．その場合には異なるクラスの総数は h 個です．このようなことが起ら

ない場合もあります．その場合には，上記の h 個の理想複素数を第1グループとして，このグループのどの理想複素数とも同値ではない理想複素数が存在します．そこで，そのような数をひとつ選んでそれを $\varphi(\alpha)$ とし，h 個の理想複素数

$$\varphi(\alpha), \varphi(\alpha)f(\alpha), \varphi(\alpha)f(\alpha)^2, \varphi(\alpha)f(\alpha)^3, \cdots, \varphi(\alpha)f(\alpha)^{h-1}$$

を作り，これを第2グループと呼ぶことにします．すると，第2グループに所属するどの二つも同値ではありません．しかも第2グループの理想複素数はどれも，第1グループのどの理想複素数とも同値ではありません．

これを確認します．まず，r と s は h より小さい正の整数として $\varphi(\alpha)f(\alpha)^r$ と $\varphi(\alpha)f(\alpha)^s$ が同値になるとすると，$f(\alpha)^r$ と $f(\alpha)^s$ が同値であることになってしまい，矛盾が生じます．次に，第2グループのある理想複素数 $\varphi(\alpha)f(\alpha)^r$ が第1グループのある理想複素数 $f(\alpha)^s$ と同値になるとしてみます．両者に $f(\alpha)^{h-r}$ を乗じると，二つの複素数 $\varphi(\alpha)f(\alpha)^h, f(\alpha)^{h-r+s}$ が得られますが，これらは同値です．ここで，$f(\alpha)^{h-r+s} = f(\alpha)^{s-r}f(\alpha)^h$ と表示されます．$f(\alpha)^h$ は実在の複素数であることに留意すると，$s \geqq r$ の場合には，$0 \leqq s-r < h$ であって，しかも $\varphi(\alpha)$ と $f(\alpha)^{s-r}$ は同値であることになります．$s < r$ の場合には，$0 \leqq h+s-r < h$ であって，しかも $\varphi(\alpha)$ と $f(\alpha)^{h+s-r}$ は同値になります．いずれにしても $\varphi(\alpha)$ は第1グループの理想複素数と同値であることになってしまいます．これで確認されました．

第1グループと第2グループの $2h$ 個の理想複素数によりクラスのすべてが汲み尽くされるなら，クラスの総数は $2h$ 個です．そうでなければ，これらの二つのグループに所属する $2h$ 個の理想複素数のどれとも同値ではない理想複素数が存在しますから，そのひとつを任意に選んで，それを $\psi(\alpha)$ とします．これを用い

て h 個の理想複素数の系列

$$\psi(\alpha), \psi(\alpha)f(\alpha), \psi(\alpha)f(\alpha)^2, \psi(\alpha)f(\alpha)^3, \cdots, \psi(\alpha)f(\alpha)^{h-1}$$

を作り，これを第3グループと呼ぶことにします．このグループに所属する理想複素数はどの二つも同値ではないこと，どれも第1グループと第2グループのどの理想複素数とも同値ではないことは容易に確かめられます．それゆえ，もしこれらの3個のグループに所属する理想複素数で表されるクラスだけですべてのクラスが汲み尽くされるなら，クラスの総数は $3h$ です．そうでない場合には，前と同様に論証を進めます．こんなふうに歩を進めていくと，h 個の理想複素数のグループが次々と作られていきますが，クラスの総数は有限ですから，ある段階ですべてのクラスが汲み尽くされてこの足取りは終焉します．このようにして，理想複素数のクラスの総数は h の倍数であることが判明し，次に挙げる定理が得られます．

> 理想複素数のクラスの総数(類数)は，ある任意の理想複素数を実在化する最小の冪指数の倍数である．

理想複素数 $f(\alpha)$ を実在化する最小の冪指数を h とするとき，一般に次数 a の冪が実在の複素数になるとするなら，a は h の倍数でなければならないこともわかります．この事実を視点を変えて言い表すと，次のようになります．

> ある理想複素数の何かある冪が実在の複素数になるとき，そのような冪指数は，理想複素数の作るクラスの総数(類数)と共通の約数をもつ．

「デリケートな問題」

クンマーはここで1個の「デリケートな問題(la question délicate)」を語りました．$f(\alpha)$は理想複素数とし，$f(\alpha)$を実在化する最小の冪指数を，これまでそうしたように，hと表記します．次々と$f(\alpha)$の冪を作り，

$$1, f(\alpha), f(\alpha)^2, f(\alpha)^3, f(\alpha)^4, \cdots, f(\alpha)^{h-1}$$

と配列すると，これらの冪で表されるh個のクラスが定まります．そこで，$f(\alpha)$を適切に選定するとき，対応して定まるh個のクラスによりあらゆるクラスが汲み尽くされるということはありうるだろうかというのが，クンマーのいう「デリケートな問題」です．このような現象があらゆる場合に見られるとは思われないとクンマーは予測して，実際に，素数λの中には，何かある1個の理想複素数のさまざまな冪により表されるクラスだけでは，すべてのクラスが尽くされないというものが存在するのではないかという所見を表明しました．この問題はクンマーにとってたいへんな難問と思われたようで，幾何学者たちのいっそう深い研究にゆだねたいと思うと言い添えるだけにとどめています．そうしてそのうえで，ガウスの著作『アリトメチカ研究』に言及しました．

『アリトメチカ研究』の原書名はDisquisitiones Arithmeticaeで，Disquisitiones(研究)の性質がArithmeticae(数論的)というのですから「数の理論をめぐる研究」というほどの意味合いになります．ここでは書名の頭文字をとってD.A.と略称することにしますが，そのD.A.の第5章は「2次形式と2次不定方程式」という章題が附せられています．ガウスは2次形式のクラス分けを遂行し，クラスとクラスの積を作りました．主類，アンビグ類という用語も提案されていますし，クンマーはガウスを踏襲して理想複素数のクラス分けを語ったことが諒解されます．2次形式の分類を参考にして，ガウスを範として踏襲している様

子がよく伝わってきますが，ガウスが考察した対象はあくまでも2次形式です．それを理想複素数の分類に及ぼしたのはめざましいアイデアというほかはなく，クンマーの大きな創意の発露が認められます．

化学との類比をたどる

クンマーは化学の根幹を作る基本的諸原理との類比をたどって，理想複素数の合成に関する理論を語りました．複素数の組成は化学結合のようだというのがクンマーの指摘です．複素数の素因子は元素，あるいはむしろ元素の等価物に対応する．理想複素数は仮説上の根(こん)に比較される．根はそれ自体として存在することはなく，ただ結合の場においてのみ存在するというのです．「根」の原語は radicaux（複数形．単数形は radical）．有機化合物の構造に関連して，かつて根というものが存在するという学説があったようで，クンマーの発言はそれを踏まえているように思います．有機化合物はいくつかの根が組合されて構成されていて，化学反応の際には根の移動が観察されますが，根そのものは不変です．そのようなものが存在すると考えられていたことを受けて，クンマーは「仮説上の根」と言い表しました．理想複素数はそれ自身としては存在することはできないというので，フッ素と比較されるとも言っていますが，その背景には，クンマーが理想複素数の理論を造形した時期にはフッ素を単独で分離することができなかったという状況が控えています．理想複素数の概念は根本において化学的等価性の概念と同じものなのだと，クンマーの言葉が続きます．

化学分析の方法を複素数の分解の方法と比較すると，いっそう驚くべき類似が目に留まります．化学で用いられる試薬は溶解している物体と結合して沈殿物をもたらします．それを調べることにより，提示された物体に含まれているさまざまな元素が判明します．素因子 q を沈殿物と見ると，$\Psi(\eta)$ と表記された数はさながら化学の試薬のようで，そのおかげで q に明るい光があてられて，複素数に含まれている素因子を認識できるようになります．

このような類比はどれほどでも増えていきますが，それらは無意味な遊び心 (un jeu d'esprit oisif) から出現するわけではなく，元素による組成と分解という同一の基本的イデーが，自然物質を対象とする化学と複素数を対象とする数学の双方の場を制御しているという事実に基づいているのだと，クンマーはきっぱりと言い切りました．数の織り成す数学的自然と物理的自然との間に親和性を感知していたのでしょう．

第13章

回想と展望（その2）

——フェルマの最後の定理と高次冪剰余相互法則

理想複素数のクラスの個数を数える —— 類数公式

ここまでのところでクンマーの論文「1の冪根と実整数で作られる複素数について」は第6章まで進みました．第7章の章題は「円の分割の理論への応用」．続く第8章には「理想複素数の異なるクラスの個数の研究」という章題が附されています．理想複素数のクラスの個数が有限個であることはすでに明らかにされたとおりですが，明示的な公式を書き下すことをクンマーはめざしています．これに先立ってディリクレは

> 「無限小解析の数論への種々の応用に関する研究」．（『クレルレの数学誌』，第19巻，324–369頁，1839年；第21巻，1–12頁，134–155頁，1840年）

という論文を公表し，2次形式の類数公式を確立しています．クンマーはこれにならい，ディリクレの方法を適用して理想複素数の類数公式を導きました．類数というのはクラスの総数のことで，類数Hは，

$$\mathrm{H} = \frac{\mathrm{PD}}{(2\lambda)^{\mu-1}\varDelta}$$

と表示されます．いろいろな記号が現れますが，まず

$$\mu = \frac{\lambda-1}{2}$$

β は方程式 $x^{\lambda-1}=1$ の原始根.

法 λ に関する原始根 γ をとり，$\gamma_1, \gamma_2, \gamma_3, \cdots, \gamma^{\lambda-2}$ の法 λ に関する最小正剰余を $\gamma_1, \gamma_2,\ \gamma_3, \cdots, \gamma_{\lambda-2}$ とする.

$$\varphi(\beta) = 1 + \gamma_1\beta + \gamma_2\beta^2 + \gamma_3\beta^3 + \cdots + \gamma_{\lambda-2}\beta^{\lambda-2}$$

として，これらを用いて

$$\mathrm{P} = \varphi(\beta)\varphi(\beta^3)\varphi(\beta^5)\cdots\varphi(\beta^{\lambda-2})$$

と定めます．D と P はいずれも複素単数に関連する数値です．以前,「クンマーの単数」という名の単数に出会ったことがありますが，それは

$$e(\alpha) = \sqrt{\frac{(1-\alpha^{\gamma})(1-\alpha^{-\gamma})}{(1-\alpha)(1-\alpha^{-1})}} = \pm\frac{\alpha^{\mu(\gamma-1)}(1-\alpha^{\gamma})}{1-\alpha}$$

という形の単数でした(50 頁参照)．これを用いて行列

$$\begin{pmatrix} \log e(\alpha) & \log e(\alpha^{\gamma}) & \cdots & \log e(\alpha^{\gamma^{\mu-2}}) \\ \log e(\alpha^{\gamma}) & \log e(\alpha^{\gamma^2}) & \cdots & \log e(\alpha^{\gamma^{\mu-1}}) \\ \cdots & \cdots & \cdots & \cdots \\ \log e(\alpha^{\gamma^{\mu-2}}) & \log e(\alpha^{\gamma^{\mu-1}}) & \cdots & \log e(\alpha^{\mu-3}) \end{pmatrix}$$

を作り，その行列式を D で表します．D を作るにはクンマーの単数を用いましたが，Δ は基本単数系 $\varepsilon_1(\alpha), \varepsilon_2(\alpha), \cdots, \varepsilon_{\mu-1}(\alpha)$ を用いて作ります．Δ は行列

$$\begin{pmatrix} \log\varepsilon_1(\alpha) & \log\varepsilon_2(\alpha) & \cdots & \log\varepsilon_{\mu-1}(\alpha) \\ \log\varepsilon_1(\alpha^{\gamma}) & \log\varepsilon_2(\alpha^{\gamma}) & \cdots & \log\varepsilon_{\mu-1}(\alpha^{\gamma}) \\ \cdots & \cdots & \cdots & \cdots \\ \log\varepsilon_1(\alpha^{\gamma^{\mu-2}}) & \log\varepsilon_2(\alpha^{\gamma^{\mu-2}}) & \cdots & \log\varepsilon_{\mu-1}(\alpha^{\mu-2}) \end{pmatrix}$$

の行列式です．

H はまったく性格の異なる二つの因子により構成されています．ひとつは

$$\frac{\mathrm{P}}{(2\lambda)^{\mu-1}}$$

で，これが第 1 因子です．もうひとつは

$$\frac{\mathrm{D}}{\Delta}$$

で，これが第2因子です．どちらの因子も整数です．クンマーは第1因子に着目し，100までの素数λに対して数値を求めています．第1因子をλの関数と見てこれを$\mathrm{P}'(\lambda)$と表記します．次に挙げるのはクンマーが掲示した数値表です．

$$\mathrm{P}'(3)=1, \mathrm{P}'(5)=1, \mathrm{P}'(7)=1, \mathrm{P}'(11)=1,$$
$$\mathrm{P}'(13)=1, \mathrm{P}'(17)=1, \mathrm{P}'(19)=1, \mathrm{P}'(23)=3,$$
$$\mathrm{P}'(29)=8, \mathrm{P}'(31)=9, \mathrm{P}'(37)=37,$$
$$\mathrm{P}'(41)=121, \mathrm{P}'(43)=211,$$
$$\mathrm{P}'(47)=695=5\cdot 139,$$
$$\mathrm{P}'(53)=4889, \mathrm{P}'(59)=41241=3\cdot 59\cdot 233,$$
$$\mathrm{P}'(61)=76301=41\cdot 1861,$$
$$\mathrm{P}'(67)=853513=67\cdot 12739,$$
$$\mathrm{P}'(71)=5472271=7\cdot 7\cdot 29\cdot 3851,$$
$$\mathrm{P}'(73)=11957417=89\cdot 134353,$$
$$\mathrm{P}'(79)=60087849=3\cdot 53\cdot 377911,$$
$$\mathrm{P}'(83)=838216959=3\cdot 279405653,$$
$$\mathrm{P}'(89)=13379363737=113\cdot 118401449,$$
$$\mathrm{P}'(97)=411322823001=3457\cdot 118982593.$$

λが大きくなるのにつれて第1因子$\mathrm{P}'(\lambda)$の数値もまた大きくなっていきますが，注目に値するのは増大の速度で，クンマー自身も驚くべきことだと記して目を見張っています．クンマーは増大の様子を記述する漸近的法則も発見していて，

$$\mathrm{P}'(\lambda)=\frac{\mathrm{P}}{(2\lambda)^{\mu-1}}=\frac{\lambda^{\frac{\lambda+3}{4}}}{2^{\frac{\lambda-3}{2}}\pi^{\frac{\lambda-1}{2}}}$$

という数式を書き留めました．証明はありません．

正則な素数と非正則な素数

クンマーは $P'(\lambda)$ の数値の一覧表を観察し，100までの奇素数 λ のうち，3個の奇素数に特別の目を注ぎました．それは

$$\lambda = 37,\ \lambda = 59,\ \lambda = 67$$

で，これらの λ に対しては $P'(\lambda)$，したがって H は λ で割り切れます．クンマーが着目したのはこの性質です．数値表を観察してそこに目を留めたところにクンマーの慧眼が光っています．論文「1の冪根と実整数で作られる複素数について」の第9章には「理想複素数のクラスの個数と複素単数に関する二つの特別の研究」という章題が附されていますが，クンマーはここで，**理想複素数の類数 H が λ で割り切れるという性質を備えたすべての素数 λ の探索**という問題を提出しました．今日の数学の語法では，クンマーが着目した素数は**非正則素数**と呼ばれ，それ以外の素数，言い換えると H が λ で割り切れない素数は**正則素数**と呼ばれています．3から100までの24個の素数に対して類数の第1因子を算出したクンマーは，そこから3個の非正則素数を拾いました．

このような問題を造形したことはそれ自体が奇跡のような出来事ですが，クンマーが到達した解答もまた深い興味を誘います．なぜなら，非正則素数であるための判定条件としてベルヌーイ数が登場するからです．クンマーは類数 H の第1因子が λ で割り切れるための条件を探求し，はじめの $\frac{\lambda-3}{2}$ 個のベルヌーイ数のうちのあるものが λ で割り切れることがあるか否かにかかっているという認識に到達しています．これを第2因子の考察と組合せ，次の定理が報告されました．素数が非正則であるための条件がベルヌーイ数の言葉で語られています．

類数Hがλで割り切れるためには，λがはじめの$\dfrac{\lambda-3}{2}$個のベルヌーイ数のうちのあるものの分子の約数であることが必要であり，しかも十分である．

フェルマの最後の定理への応用

論文「1の冪根と実整数で作られる複素数について」の最後の章は第10章で，章題は「フェルマの最後の定理の証明への応用」です．理想複素数の理論を応用してフェルマの最後の定理の解決がめざされています．λは奇素数として，クンマーは

$$u^{\lambda}+v^{\lambda}+w^{\lambda}=0$$

という不定方程式を書き，解が存在するか否かを問い，次の定理に到達しました．

λは奇素数とし，はじめの$\dfrac{\lambda-3}{2}$個のどのベルヌーイ数についても，その分子の約数ではないとする．このとき，方程式$u^{\lambda}+v^{\lambda}+w^{\lambda}=0$は，$u, v, w$の複素数ではないいかなる整数値に対しても成立せず，方程式$\alpha^{\lambda}=1$の根を用いて作られるいかなる複素数値に対しても成立しない．

λが正則な素数なら，(自明な解を除いて)解は存在しないというのがクンマーの答ですが，有理整数の範囲のみならず，複素数まで数域を拡大してもやはり解は存在しないことが明らかになりました．

100以下の奇素数のうち，$\lambda=37, 59, 67$という3個の非正則素数については，この定理で課されている条件が満たされないため，解の有無を判定することができません．これらの除外された3個の素数はそれぞれ第6番目，第22番目，第29番目のベ

ルヌーイ数の分子の約数になっていると，クンマーは言っています．クンマーが指定したベルヌーイ数の定義は今日のものと相違していますが，たとえば 37 については，今日の定義では第 32 番目のベルヌーイ数

$$-\frac{7709321041217}{510}$$

が該当します．実際，この分数の分子は

$$7709321041217 = 37 \times 683 \times 305065927$$

と素因数に分解され，37 で割り切れることがわかります．

高次冪剰余相互法則へ

理想複素数のクラスの総数を明示する類数公式の導出にあたり，クンマーはディリクレの論文「無限小解析の数論への種々の応用に関する研究」にならって歩を進めました．そのためクンマーの足取りに追随するにはディリクレの論文を参照することが不可欠の作業です．類数公式の確立によりさまざまな奇素数 λ に対応する類数の算出が可能になり，クンマーは 100 以下の奇素数について数値の一覧表を作成して，そこに 3 個の（今日の語法でいう）非正則素数の出現を認めました．この発見が類数公式の確立ということからもたらされたもっとも値打ちのある成果です．正則な素数と非正則な素数を識別すると，正則な素数に対してフェルマの最後の定理の証明が導かれます．

正則な素数の場合に限定されているとはいえ，フェルマの最後の定理の証明が得られたのはいかにも重要な出来事でした．理想複素数の概念の導入の意味がそこに認められるのはまちがいありませんが，クンマーを理想複素数のアイデアへと誘った要因はもうひとつあります．それは高次冪剰余の理論のことで，クンマーのねらいは素数次数の冪剰余相互法則の確立にありました．クンマーが書いたいくつかの論文の中でも最大の論文は

「素次数の冪の剰余と非剰余の間の一般相互法則について」(ベルリン王立科学アカデミー論文集, 数学部門, 1859年, 19–159頁) で, 実に141頁に達する雄大な作品です. 冒頭には14頁に及ぶ長文の序文が附されています. オイラー, ルジャンドル, ガウスと続く平方剰余相互法則の発見と証明の経緯が回想されるとともに, ガウスが造形した4次剰余の理論が語られて, その延長線上に高次数の一般相互法則が展望されています. ガウスは4次剰余相互法則の発見にあたり, a,b は有理整数として, $a+b\sqrt{-1}$ という形の複素数を数論に導入し, この拡大された数域において4次剰余相互法則の発見に成功しました. この形の複素数をガウスは**複素整数**と呼びましたが, 今日の語法ではガウス整数と呼ばれています. 有理整数域の数論においてもっとも基本的な役割を果たすのは素数の概念で, 平方剰余相互法則は有理整数の素因数分解の可能性とその一意性により支えられています. 4次剰余相互法則の場合, ガウスがまずはじめに取り組んだのは複素整数域において素因数分解の可能性とその一意性を確立することでした. では高次数の冪剰余相互法則の発見と証明をめざそうとする場合にはどうしたらよいでしょうか. そこにクンマーの苦心がありました.

クンマーの言葉を拾う

クンマーの論文「素次数の冪の剰余と非剰余の間の一般相互法則について」の序文からクンマーの言葉を採取して, クンマーの苦心にもう少し耳を傾けてみたいと思います. 高次冪剰余の理論に向う第一歩を印したのはガウスの論文「4次剰余の理論」です. この論文は2回に分けて公表されました. 前半の第1論文で報告されたのは4次剰余相互法則に附随する二つの補充法則で, 1828年に刊行された『ゲッチンゲン王立学術協会新報告集』, 第6巻に掲載されました. 後半の第2論文では4次剰余相互法則の本体が報告されました．ただし証明はありません．掲載誌は 1832 年の『ゲッチンゲン王立学術協会新報告集』，第 7 巻です．この 2 篇の論文により，ガウスが平方剰余の理論を越えた世界をめざしていることが明らかになり，ガウスの継承者たちの関心を誘いました．

ガウスの数論の継承者というと，ディリクレ，ヤコビ，クンマー，アイゼンシュタイン，クロネッカーという人びとの名が念頭に浮びます．1828 年に第 1 論文が公表されるのに先立って，ガウスは 1825 年 4 月 5 日にゲッチンゲン王立協会で概要を報告し，その内容が 1825 年 4 月 11 日付で『ゲッチンゲン学術報知 (Göttingische Gelehrte Anzeigen)』に掲載されました．ディリクレはそのわずかな頁の要約だけに反応し，

「4 次形式の作るある種の族の素因子の研究」

という論文を書きました．この論文は 1828 年の『クレルレの数学誌』，第 3 巻に掲載されています (同誌，35–69 頁)．同じ 1828 年にはガウスの「4 次剰余の理論」の第 1 論文が公表されていますが，ディリクレの論文が公表されたのはそれ以前のことです．3 次と 4 次の相互法則の証明にも成功したうえ，5 次と 8 次の相互法則をも探究しています．

ディリクレとほぼ同じころ，ヤコビもまたガウスが報告した第 1 論文の概要に触発されて高次冪剰余の理論に関心を寄せ，

「3 次剰余研究」

という論文を書きました．この論文が掲載されたのは 1827 年の『クレルレの数学誌』，第 2 巻 (同誌，66–69 頁) で，末尾に「1827 年 6 月 22 日」という日付が記入されています．4 次剰余の理論の断片を見ただけですでに 3 次剰余の理論に着目していることに驚かされますが，ガウスの目が高次冪剰余の理論に向いている様子を見て，何事かを察知したのでしょう．ヤコビには，

「5 次，8 次，および 12 次の冪剰余の理論において考察す

るべき複素素数について」(『クレルレの数学誌』, 第19巻, 314–318頁, 1839年)

という論文もあります. ガウスは4次剰余の理論においてガウス整数を導入して数域を拡大し, この拡大された数域において「素であるもの」を把握するというアイデアを提案しましたが, これを受けて, ヤコビは5次, 8次, 12次の冪剰余の理論の各々に相応しい数域の設定を試みています. 考えていく方向はクンマーと同じです.

アイゼンシュタインはディリクレとヤコビよりだいぶ若く, 生年は1823年です. 平方剰余相互法則の独自の証明を考えたりしましたが, 中でも際立っているのはレムニスケート関数の性質に基づいて3次と4次の相互法則を証明したことで, これにはクンマーも一目置いています. アイゼンシュタインは高次の冪剰余相互法則の探索もめざしていて, 3次と4次の相互法則がレムニスケート関数を用いて遂行されたように, 相互法則の「真の泉(die wahre Quelle)」は何らかの周期関数にひそんでいるという確信を抱いた模様です. それもごく自然なことだと, クンマーは言っています. アイゼンシュタインのいう周期関数の正体はいかにも謎めいていますが, ヤコビの逆問題の解決を通じて認識されるアーベル関数のようなものが思い描かれていたのではないかという想像も許されそうです.

ディリクレもヤコビもアイゼンシュタインもみなガウスに共鳴し, 高次冪剰余相互法則をめざしてさまざまな試みを続けていました. クンマーを包んでいたのはこのような数学的雰囲気でした. クンマーの思索は進み, 1847年になって一般相互法則を発見しました. 奇素数λに対し, 次数λの相互法則を見つけたのですが, ここでλには「正則」という制約が課されています. この時点ではまだ証明することはできなかったものの, クンマーは相当に大きな計算表を作成して正しいことを確信し, ディリクレに手紙で報告しました. その手紙の日付は1848年1月

20日です．ディリクレを通じてヤコビもまたクンマーの発見を知るところとなりました．ベルリンの科学アカデミーにも送付し，それをディリクレが科学アカデミーで報告したのは1850年5月14日のことです．ただし証明はまだ見つかっていません．

1847年に発見した相互法則を証明することがクンマーの課題になり，当初は円周等分論に大きな期待をかけて証明を試みたものの成功にいたりませんでした．その理由として，3よりも大きいλに対しては，単純単数$\pm 1, \pm\alpha, \cdots, \pm\alpha^{\lambda-1}$のほかに無限に多くの単数が存在するということを，クンマーは挙げています．ここで想起されるのはクロネッカーの論文「複素単数について」です．クロネッカーの学位論文で，末尾に「1845年9月10日」という日付が記入されています．1845年の『クレルレの数学誌』，第93巻に掲載されました．クロネッカーはリーグニッツのギムナジウムでクンマーに数学を教わった人で，学位論文の提出先はベルリン大学ですが，当時ブレスラウ大学にいた師匠のクンマーに捧げられています．

クンマーは円周等分論に期待して苦心を重ねたものの，ついにこれを放棄する決意をかためました．次に引くのはこの間の消息を語るクンマーの言葉です．

> 私はついに，そのときまで追い求めていた円周等分の一般化の道を断念して，他の手段を探究せざるをえなくなった．私は基本定理のガウスの第2証明，すなわち2次形式論に依拠する証明のその方法に注意を向けた．この証明の方法はその時点までは平方剰余に限定された状態にとどまっていたが，それにもかかわらず，私には，この証明はその諸原理において，高次冪剰余の研究にも首尾よく適用されうるのではあるまいかという期待を抱かせる一般的性格を備えているように思われた．そうして私の期待は実際に満たされたのであった．

「基本定理」というのは平方剰余相互法則に対するガウスによる呼び名です．その第2証明は2次形式の種の理論を基礎とするもので，ガウスのD.A.の第5章「2次形式と2次不定方程式」記されています．そこで高次冪剰余相互法則の場合にも適切な意味合いにおいて「種の理論」を作り，その土台の上に相互法則の証明を構築することができるのではないかというのが，クンマーがたどりついた最後の砦でした．この期待はかなえられました．

今後の展望

1859年の論文「素次数の冪の剰余と非剰余の間の一般相互法則について」において，クンマーは正則な奇素数λを指定し，次数λの冪剰余相互法則の確立をめざしました．この法則の舞台となるのは，次数$\lambda-1$の方程式

$$\alpha^{\lambda-1}+\alpha^{\lambda-2}+\alpha^{\lambda-3}+\cdots+\alpha+1=0$$

の根αにより生成される数域で，本稿においてここまで読み進めてきた1851年の論文「1の冪根と実整数で作られる複素数について」にいう「複素数」がその舞台を作っています．これに加えて，クンマーは，$\mathrm{D}(\alpha)$は1851年の論文でいう複素数として，

$$w^{\lambda}=\mathrm{D}(\alpha)$$

という形の方程式を書きました．そうしてこの方程式の根wとαを用いて

$$\mathrm{F}(w)=A+A_1w+A_2w^2+\cdots+A_{\lambda-1}w^{\lambda-1}$$

という形の複素数を作りました．ここで，$A, A_1, A_2, \cdots, A_{\lambda-1}$は$\alpha$を用いて作られた複素数を表しています．クンマーはこのような形の複素数の作る数域を設定し，その世界において理想複素数の理論を展開しました．それが高次相互法則のための基礎

理論です．

高次の冪剰余相互法則のためには拡大された数域において「素数」の概念を明示し，素因数分解の可能性とその一意性を確立することが不可欠です．クンマーはガウスにならってこの要請に応じ，理想複素数の概念を造形したのでした．ガウスの複素整数を越えて数域は大きく拡大して理想複素数の作る数域が用意され，その世界において素数の概念が定められるという状況になりました．

クンマーの長篇の解明はこれからの大きな課題ですが，それに先立って 4 次剰余の理論に親しみを深めておきたいところです．ガウスの論文「4 次剰余の理論」が源泉であるのはまちがいありませんが，これを受けて現れたさまざまな研究の中でも，アイゼンシュタインの楕円関数論の世界がもっとも適切な手引きになってくれることと思います．

索　引

あ行

か行

さ行

た行

な行

は行

や行

ら行

著者紹介：

高瀬 正仁（たかせ・まさひと）

昭和 26 年（1951 年），群馬県勢多郡東村（現在みどり市）に生れる．数学者・数学史家．専門は多変数関数論と近代数学史．2009 年度日本数学会賞出版賞受賞．

著書：

『古典的名著に学ぶ微積分の基礎』．共立出版，2017 年．

『ガウスに学ぶ初等整数論』．東京図書，2017 年．

『岡潔先生をめぐる人びと フィールドワークの日々の回想』．現代数学社，2017 年．

『発見と創造の数学史：情緒の数学史を求めて』．萬書房，2017 年

『数学史のすすめ 原典味読の愉しみ』．日本評論社，2017 年．

『オイラーの難問に学ぶ微分方程式』．共立出版，2018 年

『双書⑰・大数学者の数学／フェルマ　数と曲線の真理を求めて』．現代数学社，2019 年．

『数論のはじまり フェルマからガウスへ』．日本評論社，2019 年．

『リーマンに学ぶ複素関数論　1 変数複素解析の源流』．現代数学社，2019 年．

『数学の文化と進化　精神の帰郷』．現代数学社，2020 年．

『岡潔 多変数解析関数論の造形』．東京大学出版会．2020 年

他多数

クンマー先生のイデアル論　数論の神秘を求めて

2021 年 1 月 23 日　初版第 1 刷発行

著　者　高瀬正仁

発行者　富田　淳

発行所　株式会社　現代数学社

〒 606-8425 京都市左京区鹿ヶ谷西寺ノ前町 1

TEL 075 (751) 0727　FAX 075 (744) 0906

https://www.gensu.co.jp/

装　幀　中西真一（株式会社 CANVAS）

印刷・製本　有限会社ニシダ印刷製本

ISBN 978-4-7687-0549-0　2021 Printed in Japan

● 落丁・乱丁は送料小社負担でお取替え致します．

● 本書のコピー、スキャン、デジタル化等の無断複製は著作権法上での例外を除き禁じられています。本書を代行業者等の第三者に依頼してスキャンやデジタル化することは、たとえ個人や家庭内での利用であっても一切認められておりません。

Ⓒ Masahito Takase